U0468730

没有
等出来的美丽，

只有
拼出来的
光芒

黄亚婷　著

中国财富出版社

图书在版编目(CIP)数据

没有等出来的美丽,只有拼出来的光芒 / 黄亚婷著.—北京：中国财富出版社，2019.7
ISBN 978-7-5047-6896-4

Ⅰ.①没… Ⅱ.①黄… Ⅲ.①人生哲学-通俗读物 Ⅳ.①B821-49

中国版本图书馆CIP数据核字(2019)第138704号

策划编辑	李小红	责任编辑	齐惠民 李小红		
责任印制	梁 凡 郭紫楠	责任校对	卓闪闪	责任发行	董 倩

出版发行	中国财富出版社
社　　址	北京市丰台区南四环西路188号5区20楼　邮政编码　100070
电　　话	010-52227588 转 2098(发行部)　　010-52227588 转 321(总编室)
	010-52227588 转 100(读者服务部)　010-52227588 转 305(质检部)
网　　址	http://www.cfpress.com.cn
经　　销	新华书店
印　　刷	三河市天润建兴印务有限公司
书　　号	ISBN 978-7-5047-6896-4/B·0552
开　　本	880mm×1230mm　1/32　　版　次　2019年8月第1版
印　　张	6.5　　　　　　　　　　　　　印　次　2019年8月第1次印刷
字　　数	125千字　　　　　　　　　　　定　价　42.00元

版权所有·侵权必究·印装差错·负责调换

前　言

1

微博上曾经疯转过一段话，让无数职场人士热血沸腾。

这段话大体是这样的：你写PPT时，阿拉斯加的鳕鱼正跃出水面；你看报表时，梅里雪山的金丝猴刚好爬上树尖；你挤进地铁时，西藏的山鹰一直盘旋云端；你在会议中吵架时，尼泊尔的背包客正坐在火堆旁一起端起酒杯。有一些穿高跟鞋走不到的路，有一些喷着香水闻不到的空气，还有一些在写字楼里永远遇不到的风景……不要辜负了心中，那个干净的自己。

世界那么大，我们都想去看看；诗与远方，我和你一样向往。

可是亲爱的，我们谁不是一边被诗和远方"蛊惑"，一边被现实和当下"蹉跎"？

2

有人曾说过:"我不敢在家休息,因为我没有存款;我上班不敢偷懒,因为我没有成就;我不敢说生活太累,因为我只能靠自己。"是啊,我们背井离乡,赤手空拳打天下,最大的安全感只能自己给。但我们常常会不自觉地陷入一种怀疑和迷惘:我在做什么?我要成为什么样的人?我到底应该怎么做?尤其是当我们工作上遭遇瓶颈、生活中遭遇逆境的时候,迷茫、焦虑与孤独等情绪,通通不请自来。

我们会质疑自己曾经放手一搏、孤身打拼的决定,为什么不选择做一份稳定安逸的工作?我们会回想当初那份感情,如果自己能稍微放低姿态,将就一下,也许现在日子也照样能过得有声有色……看着别人的出类拔萃,反观自己的庸碌无为,心情跌落谷底。

在与生活的搏斗、与自己的较劲中,有的人逐渐败下阵来,举手投降,选择妥协,淡忘了初心,背叛了梦想,在自己人生的城墙上升起一面面刺眼的白旗;有的人即便身处最深的绝境中也能看到最美的希望,砥砺前行,逆风飞翔,在自己人生的旅途中斩获一枚枚闪耀的勋章。

说到底,拥有什么样的人生,还是你说了算。

前　言

3

身在井隅，心向璀璨。生活虽然不尽如人意，但也没那么不堪，凡不能毁灭你的，必将使你更强大。

当你在为自己的未来默默打拼的时候，那些你内心中期盼已久的风景，那个你一直想遇见的人，也正在穿越人海，悄无声息地向你走来。

没有等出来的美丽，只有拼出来的光芒。你只有拼尽全力，才能活得光鲜亮丽。欲戴皇冠，必承其重，世界不曾亏欠每一个努力的人；脚踏实地，仰望星空，你会发现原来自己如此强大。

本书分为八个与生活相关的篇章，赐你治愈心灵创伤的文字与故事，它或许不能让你的人生胜券在握，却会让你燃起一簇充满"战斗力"的小火苗。

目　录

第一章　做不到人面桃花，至少要人淡如菊 / 001
　　清雅芳香，让修养成为你的名片 / 002
　　留住童心，微笑到老 / 005
　　笑看世间沉浮，心依然淡定如初 / 008
　　在逆境中成长，苦难也能散发出芬芳 / 011
　　若木已成舟，不妨愉快地接受吧 / 015
　　纵有百般诱惑，心亦波澜不惊 / 018

第二章　因为灵魂有香气，所以幸福的坐标是自己 / 023
　　不做下一个谁，只做最美的自己 / 024
　　纵使百般沧桑，也要做自己的天使 / 028
　　释放真我，不为取悦任何人 / 032
　　遵循己心，大声说"不" / 036
　　别让别人的看法挡住了你的光芒 / 041
　　拒绝攀比，幸福的坐标是自己 / 046

没有等出来的美丽,只有拼出来的光芒

第三章　不是玫瑰没关系,请相信野百合也有春天 / 051
　　人生永远没有太晚的开始 / 052
　　有所期待的人生不会黯淡无光 / 056
　　在太阳升起前,就拼命地奔跑 / 060
　　不管外向还是内向,请忠于你自己 / 064
　　尊重生命的每个历程 / 067
　　好心态,是灵魂成熟的催化剂 / 071
　　没有人可以让你卑微 / 073

第四章　守稳初心,尽情挥洒你的温暖 / 077
　　心怀感恩,奋斗路上不孤寂 / 078
　　赠人玫瑰,手有余香 / 082
　　给别人一分宽容,给自己十分从容 / 087
　　微笑着原谅,不和自己较劲 / 094
　　虚心接受批评,无论是否公平 / 097

| 目　录 |

第五章　让爱情和婚姻变成你所希望的样子　　　　/ 101
　　找一个适合自己的人相爱　　　　/ 102
　　爱再怎么可贵，也不要低到尘埃里　　　　/ 105
　　幸福要靠自己经营　　　　/ 109
　　理性看待婚姻与爱情的落差　　　　/ 112
　　与其羡慕别人，不如提升自己　　　　/ 116
　　情要有寸，爱更需有度　　　　/ 119

第六章　让安全感帮你睡个好觉　　　　/ 123
　　活在当下，让每个日子都看见欢喜　　　　/ 124
　　不是世事太纷扰，而是你内心不够强大　　　　/ 127
　　患得患失的人，永远无法快乐　　　　/ 131
　　幸福不是一种状态，而是一种心态　　　　/ 135
　　乐观的人总会有好运气　　　　/ 138
　　原谅别人，也就是原谅自己　　　　/ 141
　　放下不必要的忙碌，让心灵放个假　　　　/ 144
　　揭掉爱情贴在你人生里的标签　　　　/ 148

没有等出来的美丽，只有拼出来的光芒

第七章　立足不完美，接纳真实的自己　　　　／153
　　接受生活中的一切不美好　　　　　　　　　　／154
　　别苛待自己，学会欣赏你的精彩　　　　　　　／158
　　上帝给你关上了一扇门，也同时打开了一扇窗　／162
　　将人生活得漂亮　　　　　　　　　　　　　　／166
　　读懂自己，接纳真实的自己　　　　　　　　　／169

第八章　心智成熟才能少走弯路　　　　　　　　／175
　　分清楚场合再说话　　　　　　　　　　　　　／176
　　口吐莲花，不如细细聆听　　　　　　　　　　／179
　　有些秘密不值得和人分享　　　　　　　　　　／183
　　适时展现自己的羽毛　　　　　　　　　　　　／186
　　到位而不越位　　　　　　　　　　　　　　　／190
　　甘当绿叶，把表现的机会让给别人　　　　　　／193

|第一章|

做不到人面桃花，
　至少要人淡如菊

没有等出来的美丽,只有拼出来的光芒

清雅芳香,让修养成为你的名片

女人可以不漂亮,但绝不能缺乏修养。

世上总有一定的规则,人人需按规则办事。有修养的女人,往往是懂得规则的聪明女人。她们从不随心所欲,也不唯我独尊。她们深知"己所不欲,勿施于人"——这恰恰是女人最美丽的一面。有修养的女人,不因岁月的流逝而渐失光彩;相反,会因心灵的不断净化而日益显出自己的光华。

有两个人,一个叫于菱,一个叫张萍。于菱的丈夫是一家水果店的老板,她有两个儿子,生活比较拮据,导致了她不肯吃半点儿亏的个性。一次,于菱在公司的食堂打饭,和服务员吵了起来。

于菱指着橱窗里的鸭架说:"你这个不论大小,都是20块一个,太缺德了,同样是20块,为什么给我的这个那么

|第一章|
做不到人面桃花，至少要人淡如菊

小？给我换个大的！"

服务员其实不是有意的，她只是拿到哪个算哪个，但是被于菱一闹，她也生气了，固执地就是不肯给她换。眼看着打饭的队伍排成长龙僵在那里，此时张萍走上去拿出自己的饭卡，说："那这个给我吧，你给于姐重新刷一个鸭架。"

但于菱事后并没有领张萍的情，反而到处说她滥充好人，无非是仗着老公每个月给她的零花钱多得花不完。很多人为张萍抱不平，觉得她好心没好报，张萍只是淡淡一笑说："这有什么关系呢？我只是做好我应该做的事情，也没有要她道谢的意思。"

"那至少她也不应该反过来说你的坏话吧。"有人不忿地说道。

"她并不一定觉得这是坏话，也许只是她的主观看法。我都不在乎，你们何必在乎呢？"张萍还是淡雅地笑着。

修养，是一种由内而外散发出的能量，它融贯于生活品位和习惯之中，是源自内心的需求和表达。这看似简单的两个字，却足够让女人琢磨和学习一辈子。

有修养的女人，从不姑息自己，苛责于人。好莱坞一位著名影星曾说："我的教育者，就是我自己。"她从未停止过对自己的鞭策，尽管她受教育不多，可一颗自律和

没有等出来的美丽，只有拼出来的光芒

自尊的心却让她把自己塑造成一位颇具修养的女性。

有修养的女人，善待自己，宽容别人，她们真诚地聆听别人的心声，感受他人的喜怒哀乐，尊重每个人——无论对方贫穷还是富有，高贵还是卑微。深信"尊重别人即尊重自己"的她们，从不在公共场合大声喧哗、高调炫耀，拒绝出言不逊。落落大方、举止从容大气的她们，永远令人如沐春风。

有一次，英国王室为招待印度的人民领袖，在伦敦举行了晚宴。

宴会在温莎公爵的主持下顺利进行。当宴会快结束时，侍者按英国惯例为在座每位客人端来洗手盘。而印度客人并不知洗手盘是做什么的，他们看到盘子是非常精致的银制器皿，以为这是喝的水，于是纷纷端起来一饮而尽。

在场作陪的英国贵族们非常尴尬、不知所措。而温莎公爵则神色自若，一边与众人交谈，一边也端起面前的洗手水，一饮而尽。在场的英国贵族也效仿起来，难堪与尴尬顷刻间被轻松化解。

无论漂亮与否，身为女人，不妨努力让自己更有修养。要知道，良好的修养所散发的光芒足以超越容貌。

第一章
做不到人面桃花，至少要人淡如菊

留住童心，微笑到老

每个女人，都有不为人知的一面。为完成角色的转变：旅途中奔放，职场中严谨，家庭中温柔。不过，在生活中历练打磨，让个性变得圆润且富有弹性的同时，女人们别忘了保留几分"纯真"。

纯真，不是单纯，也不是天真，它是一份真实纯粹的情怀，和年龄经历无关。

单纯的女人就像一张白纸，未曾经历过风雨，对于很多事情看不透亦不了解。她们也纯真，但这份纯真不一定持久。也许，在遭受某些变故后，她们就不再纯真，甚至自暴自弃。天真的女人往往沉浸在童话中，多幻想而不切实际。

而纯真的女人，在经历很多事情后，依然能够怀着一颗真诚柔软的心对待生活、爱人；依然能够用一双清澈明亮的眼睛去追随美丽的万物；依然对美好的情感充满向往而非怨天尤人。她们深知，世间有太多不完美，太多丑陋、鄙夷，可这与内心深处的美好情怀无关。在爱人眼里，她们永远是乐观者。她们与爱人一起，面对伤痛与挫折，打造美好未来。

她们上过当，受过伤，有过不堪的经历和破碎的生活，但这一切并未磨灭她们热爱生活的心。即便情感处于苦闷、孤独和黑暗中，她们依然保持对爱的信仰。

当过往彻底成为历史后，她们以乐观之心再次开始全新的生活。面对浮躁的物质世界，她们洁身自好，拒绝随波逐流。她们按照自己的意愿，选择喜欢的事，静静等待对的人。她们从未因过去的阴影而不再相信爱情，心里始终记得一句话：去爱吧，就像从未受到过伤害……终于，她们等来了懂自己、爱自己、珍惜自己的人。

早上醒来，她们能傻傻地肆无忌惮地笑，像回到天真烂漫的孩童时代；她们能完全沉浸在自己的世界，就像孩提时代常常走神一样。她们清楚：真正的生活，不是整天工作和奔波，她们对生活保留一种孩子似的天真和好奇。

小晗在一家广告公司做平面设计，工作高效认真，创意非凡的她颇受老板赏识，不过她把这归功于自己的童心。小晗的房间不大，没有床，她与丈夫以地为床。地板上铺了整张软软的海绵垫子，垫子是海洋蓝的底色，上面的鱼、

第一章
做不到人面桃花，至少要人淡如菊

蟹、海星，栩栩如生。每天早上一睁眼，就像开启了一场海洋旅行。

儿童作家秦文君，其作品《男生贾里全传》《女生贾梅全传》之所以如此畅销，就在于她心中常有儿童般的快乐。她爱孩子，孩子爱她，她是真正意义上的大孩子——这也是她的作品魅力不衰的原因所在。

孩童的笑和幻想不带一丝功利色彩，就像花的绽放，叶的摇曳，风的低鸣，蟋蟀的轻唱。童心是生产乐趣的工厂、治疗忧伤的灵药、流淌幸福的源泉，童心不老的奥妙在于拥有童趣的沃土。保持单纯快乐的童心，是自我心理的需要，更是调节心理的良剂。

有句这样的话："人类最好的品质都在孩子身上。"不管从前发生了什么、眼下正遭遇着什么，女人都别失去内心的纯真。忠于内心，善待爱人，笑对人生。拥有如水的纯真情怀，纵然身处漫天飞雪的寒冬，依然能够拥有灿烂的微笑。

没有等出来的美丽，只有拼出来的光芒

笑看世间沉浮，心依然淡定如初

无相禅师行脚，因口渴而四处寻找水源时，在池塘的水车旁遇到了一位青年。

无相禅师向青年要了一杯水喝。

青年十分羡慕地说道："禅师！如果有一天我看破红尘，我肯定会跟您一样出家。不过，我出家后不会像您这样到处行脚、居无定所，我会找一个隐居的地方，好好参禅打坐，不再抛头露面。"

无相禅师笑问道："那你什么时候会看破红尘呢？"

青年答道："我是这一带最了解水车性质的人，全村人都以此为主要水源，如果有人接替我照顾水车，让我无牵无挂，我就可以出家，走自己的路了。"

无相禅师问道："最了解水车的人，我问你，水车全部浸在水里或完全离开水面会怎样呢？"

青年答道："车是靠下半部置于水中、上半部逆流而

第一章
做不到人面桃花，至少要人淡如菊

转的原理来工作的。如果把水车全部浸在水里，水车不但无法转动，甚至会被急流冲走；同样，水车若完全离开水面也不能打上水来。"

无相禅师道："车与水流的关系不正说明了淡定与浮华的关系？一个人即便身处幽静的山谷，如果心系世间繁华，也难保不被五欲六尘的潮流冲走；倘若他内心淡定从容，与世无争，人生必然充满宁静、诗意。"

倘若过于看重得失，人必将陷于生活的烦琐和苦恼中，在恩怨、情欲、得失、利害、关系、成败、对错里纠缠辗转，难以超脱；反之，若能冷眼旁观世间的变幻，而不被欲望所迷惑，方可做到真正的淡定。世间纷扰繁多，别让过多的生活负累改变了内心的最初航向。

彼纪儿·戴尔是个失明了近50年的女人，她只有一只眼睛，并且眼睛上满是疤痕，她只能透过眼睛左边的一个小洞去看世界。她看书的时候必须把书本拿得很贴近脸，而且那只眼睛还要尽量往左边斜过去。"

可彼纪儿·戴尔从不自卑，她拒绝接受别人的怜悯，不愿别人认为她"异于常人"。心怀成为教师梦想的她，坚信自己是与众不同的，注定拥有不平凡的人生。

当和其他孩子一起玩耍时，彼纪儿·戴尔从不为看不到而

没有等出来的美丽，只有拼出来的光芒

难过，而是在家里看书。她把印着大字的书靠近自己的脸，近到眼睫毛都碰到了书本上。通过努力，彼纪儿得到两个学位：先在西南明尼苏达州立大学得到学士学位，之后在哥伦比亚大学得到硕士学位——她终于成了一名教师。

彼纪儿的教师生涯，开始于明尼苏达州的一个偏僻小山村里，那里从来留不住优秀教师。而她却不抱怨恶劣的环境和落后的教学条件，每天都充满热情地给学生们上课，与孩子们一起玩耍。

当很多教师都想方设法找路子晋升职位或获得更高的职称时，彼纪儿从不心动。不争名、不夺利的她，认真、努力地干好自己的工作。由于多年如一日的出色表现，彼纪儿成了大学的新闻学和文学教授。

在大学教书13年的彼纪儿，常被邀请到妇女俱乐部发表演说、做电台节目主持。她说："在我的脑海深处，常常怀着一种怕完全失明的恐惧，为了克服这种恐惧，我对生活采取了一种快活而近乎戏谑的态度。"

在彼纪儿52岁时，奇迹发生了。通过眼部手术，她的视力提高了40倍。面对眼前全新的、令人兴奋的、可爱的世界，彼纪儿说："在每一个肥皂泡沫里，我都能看到一道小小的彩虹闪出来的明亮色彩。"

看透了人生的本质，便不会被浮华遮蔽双眼。人生如

| 第一章 |
做不到人面桃花，至少要人淡如菊

水，用淡定初心处世做人，便能充分品味甘甜。世上浮沉原有宿命：女人不妨长怀初心，时时从容、事事淡定，活出与众不同的真实自己。

在逆境中成长，苦难也能散发出芬芳

约翰·霍兰德说："在最黑的土地上生长着最娇艳的花朵，那些最伟岸挺拔的树林总是在最陡峭的岩石中扎根，昂首向天。"

坚强的女性不会被磨难吓倒，反而将它们视作成功的前奏。

历览世间成大事者，皆经历了一番寒霜苦，无人能绕过。苦难可培养浩然正气，孕育卓越英才，成就辉煌人生。

生命的美在于拼搏和创造。科学家贝弗里奇说："人们最出色的工作往往是处于逆境情况下做出的，思想上的压力，甚至肉体上的痛苦，都可能成为精神上的兴奋剂。"

没有等出来的美丽，只有拼出来的光芒

理想的花，要靠汗水浇灌。汗水是滋润灵魂的甘露，双手是理想飞翔的翅膀。

能笑对逆境的女人，永远是生活的强者，与困难斗争，是为日后发展积累丰富的经验。

奥诺雷·德·巴尔扎克曾说："苦难对于天才是一块垫脚石，对于能干的人是一笔财富，对于弱者是万丈深渊。"

逆境是炼金石，有人在逆境中站得更直，也有人在逆境中倒下。其中的差别，在于是坦然面对还是消极逃避。站起来便能成就更好的自己；倒下的自怨自艾者，注定只能继续哭泣。

处变不惊，方能笑对人生。幸运时需要节制，逆境时则需坚韧。在风雨、苦难中挣扎的女性，其生命越显非凡色彩。

1987年3月30日晚，洛杉矶音乐中心的桃乐丝钱德勒大厅内灯火辉煌，座无虚席，人们期盼已久的第59届奥斯卡金像奖的颁奖仪式正在进行。在热情洋溢、激动人心的气氛中，仪式渐渐接近高潮。当主持人宣布"玛丽·玛特琳凭借在《小神的儿女》中的出色表演，获得最佳女主角奖"时，全场立刻爆发出经久不息的雷鸣般的掌声。玛丽·玛特琳在掌声和欢呼声中快步走上领奖台，从上届影帝、最佳男主角奖获得者——威廉·赫特的手中接过奥斯卡金像。

|第一章|
做不到人面桃花，至少要人淡如菊

手里拿着金像的玛丽·玛特琳激动不已。她似乎有很多话要说，可人们并未看到她的嘴动。她又把手举起来，却不是向人们挥手致意的姿势。眼尖的观众看出了玛丽是在打手语："说心里话，我没有准备发言。此时此刻，我要感谢电影艺术科学院，感谢全体剧组同事……"

原来，这个奥斯卡金像奖颁奖以来最年轻的最佳女主角奖获得者，竟是个聋哑人。

玛丽·玛特琳出生时是个正常的孩子，但出生18个月后，她被麻疹夺去了听力。尽管如此，玛丽对生活却充满激情。从小就喜欢表演的她，7岁加入伊利诺伊州的聋哑儿童剧院，9岁就在《盎司魔术师》中扮演了多萝西。16岁那年，玛丽被迫离开了儿童剧院。好在，她仍能时常被邀请用手语表演一些聋哑角色。正是表演使玛丽认识到了自己的价值所在，克服了失望心理。她利用演出机会，不断锻炼自己，提高演技。

1985年，玛丽参加了舞台剧《小神的儿女》的演出。她饰演其中一个配角。然而就是这次演出，使玛丽走上银幕。

女导演兰达·海恩斯决定将《小神的儿女》拍成电影。可女主角——萨拉扮演者的人选，令她犯了难。偶然观看了舞台剧《小神的儿女》录像的兰达·海恩斯发现了演技高超的玛丽，便立刻邀请玛丽担任影片的女主

没有等出来的美丽，只有拼出来的光芒

角——萨拉。

玛丽扮演的萨拉，在全片中没有台词，全靠极富特色的眼神、表情和动作，揭示主人公矛盾复杂的内心世界——自卑和不屈、喜悦和沮丧、孤独和多情、消沉和奋斗。玛丽十分珍惜这次机会，她勤奋、严谨、认真对待每一个镜头，最终她成功了——成为美国电影史上第一个聋哑影后。

对此，玛丽·玛特琳如是说："我的成功，对每个人，不管是正常人，还是残疾人，都是一种激励。"

女人要记得：只要始终充满信念，持之以恒，拒绝放弃，不断努力，终有一日定能到达成功的彼岸！

第一章
做不到人面桃花,至少要人淡如菊

若木已成舟,不妨愉快地接受吧

莎士比亚曾说:"一直抱怨已逝去的不幸,只会招致更多的不幸。"人都会经历不快之事——这是无法逃避和选择的。沉浸在抱怨中,与不可改变的现实抗争,只会让自己的精神越发接近崩溃。

当沙子进入河蚌的壳内时,河蚌很难受;可它无力把沙子吐出去。那一刻,它面临两个选择:要么抱怨日子煎熬,要么想办法与沙子和平共处。河蚌选择了后者,它尝试把沙子包起来。渐渐地,当沙子裹上了河蚌的外衣时,河蚌就视它为自己身体的一部分而非异物了。日积月累,曾经的痛苦,最终变成了难能可贵的珍珠。

有一句非常著名的祈祷词:"上帝,请赐给我们胸襟和雅量,让我们平心静气地接受不可改变的事情;请赐给我们勇气,去改变可以改变的事情;请赐给我们智慧,去区分什么是可以改变的,什么是不可以改变的。"

没有等出来的美丽，只有拼出来的光芒

女人要时刻保持积极向上的心。如果不能正视过去或现在发生的一切，就很难微笑着迎接未来。人生只售单程票，无法回头重走来时的路。就如同一块木头，若它已被雕刻成了舟，便失去了再成为其他事物的可能性，只能驾着它乘风破浪，把仅有的可能演化成奇迹。这既是潇洒的人生态度，也是理性睿智的选择。

莎拉·波哈特是一位传奇女性，她在71岁那年，遭遇了接二连三的不幸：她破产了；接着，医生告诉她必须截肢。医生已经做好准备看到莎拉崩溃或暴跳如雷的情景，可她却平静地说："如果非这样不可的话，那只好如此了！"

莎拉·波哈特被推进手术室时，她的家人在一旁哭。她挥挥手，表情平静，说："不要走开，我很快就会回来。"去手术室的路上，莎拉·波哈特给医生和护士背她演过角色的台词。她认为医务工作者们心里的压力比自己的更大。

手术很顺利，恢复健康后的莎拉·波哈特并未告别舞台。有人向她询问乐观的秘诀，她笑着说："我养成了一种习惯，接受不可改变的事实就行了。"

漫漫人生路上，大风大浪实在难得遇见几回。大多

第一章
做不到人面桃花，至少要人淡如菊

时候，生活都是平淡的，偶有不如意的小插曲。豁达不抱怨的心态并非与生俱来的，唯有在平淡的日子里尽力保持积极、乐观，才能在遭遇低谷时不失淡定。别把那句"接受不可改变的事实"当成空谈语录，要试着把它变为一种处世的习惯。真正的修养，是从小事中一点点培养出来的。

用平常心对待生活中的意外，不失为明智之举。努力让自己成为不抱怨、有修养的成熟女性，这对每个女人而言都非常必要。当一切已成既定事实无法再改变时，不妨收起抱怨和愤恨，试着转变心态，学会接受、适应和改变自己。人生不如意事十之八九，一味抱怨生活，天空永远布满阴霾；学会接受现实，才会拥有一片艳阳天。

没有等出来的美丽，只有拼出来的光芒

纵有百般诱惑，心亦波澜不惊

大千世界，诱惑如影随形。想保持身心的纯洁，并非易事，这需要淡定的心和清醒的头脑。我们要坦然面对世间的万事万物，认清潜在的危险，懂得放弃眼前私利，不让心灵布满灰尘。

想抵住诱惑，就要正确对待内心的欲望，做一个心淡如菊的女人。

有这么一个传说，在曼谷的西郊有一座寺院，因地处偏远，无人问津，香火一直都很冷清。

索克法师在住持圆寂后接任。初来乍到，他在寺院周围巡视，发现山坡上长满了灌木。因无人打理，灌木疯长，不但杂乱，还阻塞了人们上山的小路。

索克法师立刻找来一把大剪刀，不时地去修剪它们。经过半年的打理，原先杂乱的灌木有些被修剪得像鸟，有

|第一章|
做不到人面桃花，至少要人淡如菊

些像月牙。

这天，一位衣着光鲜的女人自称烦恼重重，急需到寺院清净两天。索克法师热情地接待了她，还给她奉茶。

女人问法师："怎样才能让自己远离诱惑，不被困扰？"

法师带她来到灌木丛，递给她一把剪刀，说："只要您能经常像我打理灌木这样修剪欲望和贪念，自然就能远离诱惑了，现在，请您来修剪这些灌木。"

女人照做后很快发现，被修剪过的灌木变得更美观了。

法师问她："感觉如何？"

女人答："内心还是难以平静。"

法师说："无妨，过几天再来吧！"

几天后，女人又来了，她告诉法师，自己仍陷在烦恼中，不知如何应对。

法师继续让她修剪那些灌木，并告诉她："经常修剪就好了。"

女人与法师约定，每五天就来这里修剪一次。

两个月过去了，那些灌木已被她修剪成花形。

法师问："是否远离了诱惑？"

女人面带愧色，对法师说："恕我愚钝，每次修剪时，我都心神安宁。可回到自己的圈子里，所有的事情又都恢复了常态。"

法师笑了："施主，我让你修剪灌木是想让你看到，诱惑就像这些灌木一样,在你走后又不停地生长。我们要做的,是不时修剪欲望和贪念,把它变成风景,而不是任其自然。对于诱惑,若不能敬而远之,就不妨好好修剪,避免其成为心灵的枷锁。"

诱惑是一种慢性毒药。幸福的女人,不是从未遇见诱惑,而是懂得让自己远离诱惑。

在台北的一条老街上,有一家工艺品店,老板是一位老人,她卖自己绣的工艺品,每天的收入够她喝茶吃饭她就很满足了。

一天,老人又在门前喝茶,一个路过的人看到了她身旁的那把紫砂壶。紫砂壶古朴雅致,紫黑如墨,有大家风范。这位路人是一个文物商,他走了过去,端起那把壶细看,发现果然出自清代名家之手。商人惊喜不已,想买下它,甚至出了10万元新台币的高价。

当听到这个数字时,老人先是一惊,随后却毫不犹豫地拒绝了——这壶是她早逝的丈夫留下的唯一的东西。

那晚,老人平生第一次失眠了。过去,她总把壶放在身边,闭着眼睛躺在摇椅上养神,可现在她总会不时地看一眼紫砂壶。更让她烦闷的是,附近的人知道她有一把价值不菲的茶壶后,蜂拥而至:有人向她借钱,有人询问她

第一章
做不到人面桃花，至少要人淡如菊

是否还有其他宝物，更有人半夜敲门。

老人的生活被彻底打乱了，她不知道该怎么办。

就在她万分纠结时，商人带着20万元新台币现金再次登门。老人坐不住了——她叫来周围的人，当众摔碎了紫砂壶。从此以后，找回从前满足感的老人，恢复了每日躺在门前摇椅上养神的习惯。

诱惑无处不在。宠辱不惊，坦然对待，是面对诱惑时的最好心境，也是人格魅力的完美升华。每个人活着都需要信念来支撑，人生有了信念，就能抵制诱惑。波澜不惊，淡然处世，这样的女人拥有别样的风采。

| 第 二 章 |

因为灵魂有香气,
所以幸福的坐标是自己

没有等出来的美丽，只有拼出来的光芒

不做下一个谁，只做最美的自己

我们活着，只是活在别人的眼光里，而不是为别人的眼光而活。我们活着，是为追求自己的精彩人生、描绘自己的人生蓝图。不管学识、气质还是人生态度如何，女人都应保持自我本色——以主角的姿态演绎自己的别样人生。

意大利著名影星索菲亚·罗兰，以她动人的风采、卓越的演技给人们留下了深刻的印象。然而，索菲亚的从影之路并不是一帆风顺的。

索菲亚试镜多次，但摄影师们声称，无法把"个子高""臀部宽""嘴巴大""鼻子长"的她拍得更美艳动人。制片商听了摄影师的抱怨后对索菲亚说："如果你真想干这一行，我建议你把鼻子和臀部'动一动'——做一次整容手术，那样会更好些。"

然而，很有主见、不愿随波逐流的索菲亚·罗兰，断

第二章
因为灵魂有香气，所以幸福的坐标是自己

然拒绝了制片商的要求。在她的心里，始终坚持着这样一个原则——我就是我自己，只有做好了自己，我才能向他人学习。

索菲亚·罗兰决心靠自己的内在气质和精湛的演技征服观众。她找到制片商说："对不起，我不能这样做，我就是我自己，只有做好了自己，我才能向别人学习，这是我的原则。虽然我的鼻子太长，但它是我脸庞的中心，它赋予了我脸庞的独特个性，我很喜欢它。至于别人怎么说，我无法改变，因为嘴是长在他们的脸上。我只要坚持我的原则就够了。"

索菲亚从未因别人的议论而停下自己奋斗的脚步，反而越挫越勇，她的演技最终得到了观众们的认可。随着索菲亚在事业上不断取得成功，出道时遭受的非议都不见了，取而代之的是赞美与好评。

后来有人问起索菲亚·罗兰的成功时，她这样回答道："我谁也不模仿。我不会像奴隶似的跟着时尚走。我只做我自己。当你把自己独特的一面展示给别人时，魅力也就随之而来了。"

德国诗人歌德说："谁若游戏人生，他将一事无成；谁不能主宰自己，便永远是一个奴隶。"不要等别人去安排你的人生。你终究属于自己，没有人可以真正对你的人生

负全责，哪怕你最爱的人和最爱你的人也不能。

卡耐基说："发现你自己，你就是你。"而萧伯纳则有这样一段名言："征服世界的将是这样一些人——开始时，他们试图找到梦想中的乐园，最终，当他们无法找到时，就亲自创造了它。"

的确，生命的精彩在于创造，你的未来掌握在自己手中。我们再来看一个寓言故事。

阳光下，向日葵像个女神。每每这时，不甘输给向日葵的茉莉便说："别看你的花大，别看你永远向着太阳，你有我香吗？"

向日葵听了，使劲儿地闻了闻自己——的确，自己没有茉莉香。

一天晚上，夜来香对向日葵说："没有阳光，你不是还得低下头来？在只有月亮和星星的夜晚，你有我开得灿烂、有我闻起来芬芳吗？"

向日葵听了，想抬头看看月亮，可无论怎么努力，始终不行；自己身上，也没有夜来香的芬芳。

此后，向日葵不再自信，即使白天也总耷拉着脑袋。一天，从远处飞来了蒲公英，看到如此颓废的向日葵，它好奇地问："真奇怪，第一次见一株向日葵不向着太阳的。这么明媚的阳光，你为什么耷拉着脑袋呢？"

第二章
因为灵魂有香气,所以幸福的坐标是自己

"我觉得自己太依赖阳光了,而且别的花都是香的,我却没有香味。"向日葵沮丧地说。

"天啊,你为什么这么想呢?"蒲公英更不解了。

"茉莉和夜来香都和我比谁更香,谁更离得开阳光,我恨我自己不如它们香,没有那么特别。"向日葵委屈地说。

蒲公英笑了:"你错了,你本身就是最特别的。其他花无法选择自己的方向,而你可以;其他花无法和太阳有如此亲密、特殊的关系,而你可以。如果所有花草都散发出茉莉和夜来香的香味,那么到时,它们就成了最俗气、最普通的花了。"

我们要从这个故事里知道,生活中无人能替代你,你也不能替代别人。别人的生活再好也是别人的,永远也不会成为你的。与其煞费苦心地复制别人,不如做好自己,活出自己独一无二的风采。

纵使百般沧桑,也要做自己的天使

聪明的女人,懂得为自己而活并始终坚持独立。

生活中,为数不少的女人对爱情均无免疫力。爱一个人没有错,愿为他做事也没有错——爱本来就是要有所付出的。可世上任何事都有底线——爱情也不例外,即使再情深意浓也不应迷失自我。要知道,无论何时,自己与爱人都是独立的个体存在。

山巅上,一个面容憔悴、泪眼婆娑的女人迎风而立。对生活已经绝望的她,即将跳入万丈深渊,以此了结内心的痛楚。

"跳吧,愿你来生得到安乐!"一个苍老的声音从背后传来。

女人回身,只见不远处的凉亭里,一位高僧正气定神闲地打坐。女人不觉悲从中来,她缓缓走去,说:"僧人

| 第二章 |
因为灵魂有香气，所以幸福的坐标是自己

该慈悲为怀，可为何看到我欲轻生，您却不加以阻拦呢？"

高僧笑："女施主，你都放弃了自己，就算我出言阻拦，能拦下的也只是一个空壳。而没有灵魂的躯壳等于死亡，因而阻拦与否没有区别。"

女人沉默良久，忽然"扑通"一声跪了下去："还请高僧指点迷津！"

高僧道："女施主请起，能告诉我你到底遭遇了什么事情吗？"

女人带着哭腔："我最爱的男人另结新欢，他狠心抛弃了我，这些年我一心扑在他身上，做的所有事都以他为中心、为他着想。可他竟狠心地抛弃我，呜呜呜……"

高僧安慰她："这倒也好办，我有一个法子可减轻你的痛苦。"

女人急问："真的吗？快告诉我该怎么办吧！"

高僧又道："你若信我，现在去找一把剪刀来，找到后我再告诉你接下来该怎么办。"

女人到附近山腰人家借来一把剪刀："剪刀找来了，现在请告诉我到底该怎么办吧！"

高僧说道："先用它剪一些你的头发和指甲。"

女人安静地照办了。高僧问："疼吗？"女人摇头："只是剪了一些头发和指甲，怎么会疼呢？"

高僧又问："可它们是你身体的一部分，怎会不疼呢？"

没有等出来的美丽，只有拼出来的光芒

女人疑惑了："可真的不疼啊，谁会因剪指甲和头发而觉得疼痛呢？"

高僧笑："你剪掉身体的一部分都不觉得疼痛，为何一个身外之人的离开，却让你如此痛苦呢？"

女人似乎释然了，"我太爱他了，他是我的整个世界。"

高僧摇头："他不是你的整个世界，他只是成了你的载体。你把自己活成了他的指甲和头发，他剪掉你，同样不会觉得痛苦和舍不得。"

女人明白了高僧的意思，她再次跪谢，返身下山，回到了日常生活里。

回家后的女人仿佛换了一个人似的。快乐度日之余，她还悉心地照顾起自己的家人们。

"如果说我有错，也只错在这些年我把自己活成了他的头发和指甲，却把自己弄丢了。现在我就一点点地把丢了的自己慢慢找回来。"她这样对一度担忧自己的家人们说。

漫漫人生路，缘起缘落，任何感情都可能消亡，任何人也都可能随时离开。与其到时为此痛苦不甘，倒不妨始终选择为自己而活！

如果说男人是一棵可靠的大树，那女人更要用心把自己也培养成一棵树——一棵与爱人并肩而立的大树，彼此

第二章
因为灵魂有香气,所以幸福的坐标是自己

欣赏、互相对望,共抵风雨。

徐志摩为人谦和,但唯独对待自己的前妻张幼仪到了近乎残忍的地步——说她是土包子,言语间充满嫌弃。当时张幼仪有孕在身,徐志摩却为追求林徽因而提出离婚。

朱安一生坚守,把自己放低到"大先生"鲁迅的尘埃里,却始终没有开出花;蒋碧薇一再重选,在不同的男人身边重复同样的痛苦,却晚景凄清;陆小曼不断放纵,在鸦片与感情的迷幻中完全丧失了独立生存能力。唯独张幼仪,这个当年被徐志摩讥讽为"小脚与西服"的女子一边独自带着幼子在异国生活,一边读书。虽经历了二儿子彼得的夭折之痛,但离婚后的她蜕变成了一个有志气、有胆量、思想独立的女性。她在金融业屡创佳绩,在股票市场出手不凡,在关上婚姻大门的同时却打开了事业的窗口。

每个人都是独立的。女人只有懂得为自己而活,自尊自强自爱,生活才会更有价值。

没有等出来的美丽,只有拼出来的光芒

释放真我,不为取悦任何人

比尔·寇司比说:"我不知道成功的秘诀,不过我可以确定,失败的秘诀是想讨好每一个人。"

浮华喧嚣的现代社会里,一颗脆弱而凌乱的心仿佛只有得到他人的认可,才能收获平静安宁,才显得不那么孤单。为取悦别人、得到赞美和羡慕,许多事明明自己不愿做,不少女人却选择了妥协。

事实上,取悦他人的女人,内心深处都不太相信自己。对自身的定位、事情的评判,没有自己的标准,丧失了主动的意义和心灵的自由。不过,这种取悦的行为,并不见得能讨好别人,反而突显出一种卑微懦弱。

一个长相秀气、性格温和的女子,从小到大受父母和环境的影响,她一直生活在纠结里:已记不清到底从何时开始,自己竟不知何谓快乐。只要能让别人满意、

|第二章|
因为灵魂有香气，所以幸福的坐标是自己

开心，她就倾尽心力去做，就算是自己讨厌的事她也不拒绝。

结婚后的她依然如此，为孩子、丈夫各种忙活，除了顺从就是受气，每天提心吊胆，生怕说错话、做错事。老公若是开心，她就长舒一口气；老公若绷着脸，她就不敢大声言语。她像一只木偶，麻木地活着。丈夫总疏远她，孩子也不愿和她多讲话。这样的日子让她备感压抑：自己付出了那么多，到底为了谁？

绝望时，她在网上给一位心理医生留言说，她想以死了却这样的人生。

心理医生马上打电话给她，说要跟她见面谈谈。

她没有拒绝。或许，她并非真想结束生命，只是压抑太久，希望有人理解。

在心理医生的开导下，她说出了自己的成长经历：父亲保守又严厉，不允许她出去玩或者其他伙伴到家里找她；母亲每天小心翼翼地陪伴父亲，恐稍不留意而招来打骂。她记得很多次在睡梦中被父亲的打骂声惊醒。父亲的坏脾气，让她慢慢养成了顺从别人，隐藏自己的习惯。

在别人面前，她很少讲话，只是尽力做事。在学校里，唯有学习能给她一点安慰。老师和同学都喜欢她，可很少有人知道，为让别人高兴，她无数次地委屈自己，做不喜

没有等出来的美丽,只有拼出来的光芒

欢的事,却要装出开心的样子。

大学毕业后,她依照父母的意思,相亲结婚,过着平淡的日子。看到丈夫和孩子不愿与自己亲近,而别人一家三口其乐融融,她无法面对,越来越痛苦……

心理医生告诉她,长久以来的讨好他人令她完全失去了自己。为遮掩自己的内心,她刻意压抑各种情绪,外在的自己和内在的自己不停地争斗,自伤的同时也被亲人疏远。

在做事前,每个人都应该问问自己是心甘情愿还是被迫勉强的,想想现在做了,日后是否后悔。如果真心想做,自然会做得很好;可若并非出自本心,就别强迫自己。

有一个叫王珍珍的女人,她喜欢弹钢琴,每天都会弹上一段时间,尽管她的水平很一般。有一天下午,王珍珍正在弹钢琴时,7岁的儿子走进来直截了当地说:"妈,你别弹了,难听死了,邻居的阿姨都在笑你。"

任何懂点音乐的人听到她的演奏,都会嗤之以鼻,不过王珍珍却并不在乎。她一直这样"不高明"地弹,而且弹得很高兴。

王珍珍也喜欢"不高明"地歌唱和"不高明"地绘画。从前还自得其乐于"不高明"地缝纫,后来做久了终于拥有了一手好的缝纫技术。

|第二章|
因为灵魂有香气,所以幸福的坐标是自己

王珍珍在这些方面的能力真的不强,但她不以为耻。因为她认为:我不是为他人而活,做这些事情,只不过是为了使自己感到快乐,让自己活得充实,并不是要做给别人看的。

从王珍珍的经历中我们不难看出,她生活得很幸福。而获得幸福的最有效的方式就是不为别人而活,不刻意苛求每个人认可自己。

讨好别人,是一件毫无意义的事。就算再怎么努力,也不能方方面面都让别人满意。与其如此,不如取悦自己——这并非是教女人自私,而是要学会保护自己。流言蜚语任它去,心里设一道隔音的墙,别让它扰乱自己的心。女人唯有爱自己、取悦自己,才能培养出开朗自信的心境,坦然面对所有,不因外界纷扰而困惑、痛苦。

没有等出来的美丽，只有拼出来的光芒

遵循己心，大声说"不"

在社会上生存，难免遇到别人请求我们帮助的时候。其中有我们力所能及，却不愿意做的；也有超出我们能力范围而无法做到的，但碍于面子，我们产生了"不好意思拒绝对方"的心理。在所谓的"面子"之下，我们常常不懂拒绝，生怕对方因此生气；更担心说了"我做不到"后会失去自认为很重要的"面子"，从而破坏了自己在别人心目中的形象。

所以，大多数情况下，我们都半推半就地同意帮忙，但这导致了自己总无法心甘情愿地完成那些原本就可以拒绝的请求。更糟糕的是，一旦办事不力，没有解决问题，还可能"吃力不讨好"——不仅招致对方的埋怨，更会伤害彼此间的感情。于是我们悔不当初，不停地自问："为什么当初不拒绝他的请求呢？"

从某种意义上来说，懂得如何拒绝他人，也是一件

|第二章|
因为灵魂有香气，所以幸福的坐标是自己

"利人利己"的事。当你无法拒绝他人的无理要求时，你其实正在做一件害人害己的事情。所谓"害人"，是指助长了他人的惰性；"害己"则是违心做自己不愿做的事，使自己压力倍增。

因此，说出自己真实的想法和感受非常重要和必要。只有这样别人才会知道你想要什么、讨厌什么和拒绝什么，这等于变相地告诉大家：这是我的心理底线，不要跨越它。否则，如果一味忍让、退让和沉默，人们就会觉得你喜欢这样且心甘情愿，你不会生气发火更不会心存芥蒂。一旦如此，就意味着你与他人交往的过程中，双方关系的分寸就模糊了。最终，你往往是受伤却不知怎么开口的人。

玛丽亚大一时，每月有5英镑生活费，这本应足够了，可她却时常感到拮据，只因玛丽亚不懂拒绝。同学邀她参加聚会，尽管当时她并不富余，可还是硬着头皮说"行"——这意味着第二天她的午饭将没有着落。她觉得若是拒绝，会让别的同学看不起自己的。

为应付这些聚会，玛丽亚只得节衣缩食。可即便这样，她仍然捉襟见肘。玛丽亚现在只有20先令了，还得维持到月底。就在这时，她收到姨妈的信，姨妈说下周四要进城，要她陪自己吃午饭。

姨妈是玛丽亚母亲的姐姐，对玛丽亚视如己出，疼爱

有加。玛丽亚没有拒绝的理由,但吃饭也不能要姨妈掏钱。可自己就剩20先令了,怎么办呢?

周四很快就到了,姨妈找到了玛丽亚并要与她一起吃午饭。玛丽亚囊中羞涩,心想:我知道一家合适的小饭店,在那儿可以一人花3先令吃顿午饭。那样的话,我就可以剩下14先令用到月底了。可又不敢这样建议——姨妈好不容易进城一次,应该让她做主……这时,姨妈说:"玛丽亚,咱们去哪儿吃饭呢?"

玛丽亚虽然嘴上说:"姨妈,您决定吧!"但她心里却祈祷姨妈千万别选太贵的地方。

这时,她听到姨妈说:"午饭我一向吃得不多,一份就够了。咱们去一处好点儿的地方吧!"

玛丽亚答应着,心里却暗暗叫苦。不过姨妈对这里并不熟悉,自然由玛丽亚带路。玛丽亚领着姨妈朝她早已选好的那家小饭店的方向走去,没想到姨妈突然指着街对面的大饭店说:"那儿不是挺好吗?那家餐馆看上去不错。"

玛丽亚说:"嗯,好吧,如果比起我们要去的地方您更喜欢的话。"她想自己可不能说:"亲爱的姨妈,我的钱不够,不能带您去豪华的地方,那儿太贵了,花钱很多。"

走进那家装修豪华的饭店,玛丽亚想:或许买一份菜的钱还是够的。

侍者拿来了菜单,姨妈看了一遍后说:"吃这份好吗?"

第二章
因为灵魂有香气,所以幸福的坐标是自己

那是一道法式烹饪的鸡肉——菜单上最贵的,需7先令。玛丽亚为自己点了最便宜的菜,花费3先令。这样,她用到月底的钱就还剩下10先令,不,9先令——还得给侍者1先令小费。

"这位女士,您还要什么吗?"侍者询问,"我们有俄式鱼子酱。"

"鱼子酱!"姨妈叫道,"对——那种俄国进口的鱼子,棒极了!我可以要一些吗?"

玛丽亚心想:该死的侍者赶快走开。但她不好意思说:"哦,您不能,那样我用到月底的钱就只有5先令了。"于是,姨妈又要了一大份鱼子酱、一杯酒。

玛丽亚算了算,剩下的钱好在还可以买一周的奶酪面包,她松了口气。

可姨妈刚吃完鸡肉,又看见另一个侍者端着奶油蛋糕走过。"嘿!"她说,"那些蛋糕看上去非常好吃。我不能不吃!就吃一个小的。"

玛丽亚有点垂头丧气,可她不能表现出来,那会让姨妈伤心的。这时侍者又端来水果和咖啡。

"没有啦!甚至准备给侍者的1先令也没有了。"玛丽亚在心里叫道,可没有人听到。

账单拿来了:20先令。玛丽亚在盘里放了20先令。没给侍者小费,姨妈看看钱又看看玛丽亚。"那是你全部的

钱?"她问。

"是的,姨妈!"

"你全用来招待我吃一顿美味的午饭,真是太好了——可也太傻了。"

"啊不,姨妈!"

"你在大学学语言吗?"

"对。"

"在所有的语言当中,哪个字最难念?"

"我不知道。"

"就是'不'这个字。长大成人,你得学会说'不'——无论对任何人。我早知你没有足够的钱来这家餐馆,可我想让你得个教训。我不停地点最贵的东西,看你是否懂得拒绝,可你没有——可怜的孩子!"

最后,姨妈付了账并给了玛丽亚5英镑作为礼物。

其实,每个人在成长过程中,都会受到来自周围同学、朋友的各种请求或恐吓。在面对无理要求或超出自己能力范围的事情时,我们必须要学会勇敢、大声、明确地说"不"。拒绝并非表示弱势,也不意味着逃避或偷懒,相反,它正是一种负责任的行为——不仅是对自己,更是对他人负责。

|第二章|
因为灵魂有香气，所以幸福的坐标是自己

别让别人的看法挡住了你的光芒

人生最大的遗憾，是一生都在追随别人却未找到自己的方向。一个人要想成功，必须找到自己的方向并坚定不移地走下去。

有一些女人是缺乏决断意识的，大到择业、婚恋，小到出行、购物，在每次做决定之前，她们总要习惯性地征询家人、朋友的意见。而且她们觉得最好能多问几遍，从而选出出现频率最高的答案。这样的方式大概能让人觉得心里踏实，却不见得一定合适。

婷婷在别人眼里是幸福的。嫁了一个家境好的老公，每个月的零用钱不少，只需要做全职太太就可以，而且她还有公婆帮着她带孩子和料理家务。这样的生活，多少女人求之不得。

可是，她内心的苦楚又有谁知道呢？

没有等出来的美丽，只有拼出来的光芒

婷婷说，高考时，她想报考旅游专业，可是，在家人的百般劝说下，她还是听了母亲的话，报考了金融专业。

大学时，她交了一个男朋友，父亲却不同意，理由是婷婷的男朋友是北方人。父亲说，南方人和北方人的生活习惯相差太多，将来婷婷嫁给他，一定会吃亏。拗不过父亲的百般阻挠，她最终还是妥协了。

在亲戚的介绍下，28岁那年，婷婷和本地的一个医生结婚了。

结婚后，丈夫自己开了一家小诊所，他要求婷婷辞职，帮他打理诊所，婷婷对医药上的事情一窍不通，但经不住老公的劝说，她只能辞职做了老公的助手。

孩子出生后，丈夫认为婷婷既要帮他打理诊所又要带孩子太累，提出把婆婆接来一起住，婷婷觉得，婆婆是个挑剔的人，如果住在一个屋檐下，自己一定会不开心的。可她还是强颜欢笑地答应了。不为什么，只是她觉得自己已经习惯顺从了。

但在某个深夜里，婷婷突然感觉异常痛苦和抑郁，她打电话给好朋友，迷惘地问："为什么？似乎每一次重要的决定，都是别人替我拿主意。我这人生，仿佛不是我自己的……我感觉怎么也开心不起来，总是像被石头压着一样喘不过气来，我一点都不快乐……"

|第二章|
因为灵魂有香气，所以幸福的坐标是自己

与婷婷相反，下面故事中的林月过得很快乐。

林月毕业于一所师范大学，成绩优异，顺利进入一所大学成为一名计算机老师。那个学校里年轻的老师比较少，而年轻又漂亮的女老师更少，于是美丽而温和的林月，很快就成了学生们心目中头号受欢迎的老师。

父母和男友对林月的工作都很满意。但时间久了，她觉得每一天的内容都大致相同，今天是昨天的翻版，明天又和今天一样，学校里过于死板和平静的生活，让她感觉自己明显缺少了动力，变得焦躁不安。

这个时候，双方家长开始催促林月和男友结婚。男友是一家汽车销售集团董事长的小儿子，他家人也非常喜欢林月。林月的家境一般，比上不足比下有余，没有很强的经济实力。林月妈妈觉得那人对林月不错，很听林月话。但要是现在就和他结婚——林月突然觉得，自己不喜欢这种性格的男人。她仿佛在今天就看到了未来几十年的生活。

一边是死板平静的生活，一边是父母和男友的逼婚。林月突然想把这一切都放手重来，冲出去，寻找自己的世界。

林月终于做出了一个让所有人都瞠目结舌的决定，她辞职并进入了一家软件公司，从零开始做起。半年后，她就做到了销售组长，只是和男友见面的次数少了。在一次

没有等出来的美丽,只有拼出来的光芒

半个多月的出差后,男友终于提出了分手。

现在的林月33岁了,从星期一到星期五的作息时间是这样的:早上起床来不及吃早饭匆匆上班,一直忙到中午,如果有时间就出去吃饭,如果没时间就让同事带点回来,然后一边吃一边忙工作,下午也一样,没有时间休息,一般要到晚上九点左右才能回家。

很多朋友看到林月,都问:"还不嫁人啊?"

隐含的意思就是林月是嫁不出去的那个人,连母亲都说:"好好的非要做什么女强人,结果最后没人敢要你。如果当初结婚了,现在估计小孩都上幼儿园了。"

林月却说:"我真是很不喜欢'女强人'这个词,可好像现在人们都这样称呼我。只有我知道自己不是的。在35岁之前,事业对我来说很重要,而到35岁之后,我会注意去调节我的生活,比如开个有氛围的文化茶吧什么的,做一些从前想做而没有时间做的事情,把节奏舒缓下来,让自己好好去享受做女人的乐趣。"

是的,我们要学会把自己的感觉叫醒,敞开心胸,放下种种担心和顾虑,勇敢地向着梦想前进,无论别人如何看待,我们都可以过得很快乐,因为只有我们真正需要的,才是真正属于自己的人生,属于自己的幸福。

自己拿主意,并不是一意孤行,而是忠于自己,相信

第二章
因为灵魂有香气，所以幸福的坐标是自己

自己，不轻易被别人的思想左右。但生活中，人难免有从众心理，常为顾及面子而依附于他人的思想和认知，失去独立判断，处处受制于人——这真是莫大的悲哀。

太在意别人的评价，往往会在别人的阿谀奉承中迷失自己，在别人的口诛笔伐中自甘堕落，很难坚持自己的判断和选择。太在意别人的目光还会让自己的心理压力过大，每天面对着十目所视、十手所指的压力，总害怕别人注意到自己的缺点或疏失。这可怕的想法会使人退缩，失去积极主动的活力，同时也会给人带来更多压力。

别让别人的看法扰乱自己的生活，别让别人的看法左右自己的人生。人生的道路自己走，别人只是你人生旅途中的匆匆过客，不会陪你走到最后，不会为你的行为买单，真正需要为你的行为买单的是你自己。

没有等出来的美丽,只有拼出来的光芒

拒绝攀比,幸福的坐标是自己

生活中常有这样的例子:本来小两口生活得幸福自在,可某一天妻子对丈夫说:"你看人家隔壁的×××",丈夫听后脸色马上由晴变阴,尽管当时不一定言语,但心中总觉得不痛快。

攀比不仅会让自己痛苦,也会让家庭受累。

很多女人喜欢攀比丈夫来满足自己的虚荣。

在一次聚会上,A说:"情人节,我老公给我送花了。"B说:"我老公也给我送花了,不过,是999朵玫瑰!"C立刻说:"要送,就像我老公一样,送我红包,买什么随便我!"

但回到家后,A、B、C会把攀比带来的失落感强加在自己的丈夫身上——

A:"B的老公情人节给她买了999朵玫瑰,你呢,花店

|第二章|
因为灵魂有香气，所以幸福的坐标是自己

随便买一把打发我!"

B:"C的老公一个月给她1万块零花钱，你呢，连两百块的衣服都没给我买过。靠那几个死工资是一辈子都翻不了身的……"

C也有怨气:"A的老公在家里什么活儿都干，她结婚之后连厨房都没进过，那手不知有多细嫩! B的老公脾气不知道有多好，你看我，都成了黄脸婆了! 想找你说几句话，你整天连影子都不见，就知道用红包打发我!"

同样的攀比也会发生在职场上。

A:她什么也没干，凭什么拿的比我多?
B:我和她干的一样多，凭什么她拿的比我多?
C:我干的比她干的多，凭什么我俩工资相差无几?

A:她这么快就升职了，是不是跟老板有一腿?
B:她刚来没多久，凭什么可以受到老板的器重?
C:她又进了老板的办公室，难道是要告我什么密?

A:她上个月业绩排名第一，看她下个月还会不会拿第一。
B:她成了成功女性，背后一定有男人帮她，牺牲了色相也说不定。

C：你看她虽然成了有钱的女老板，婚姻却一塌糊涂，活该！

攀比的女人没有一个快乐放松的心态，即使已经被幸福包围仍是不知足。据心理学家调查：《福布斯》榜上的百号富翁和生活在纽约地铁的流浪汉回答感到快乐的比例差不多……正如一棵青草虽没有乔木的高大却衍生了"更行更远还生"的顽强生命力。

城市万家灯火的喧嚣也许让你如痴如醉，但"采菊东篱下，悠然见南山"的情愫也许更使你流连忘返。幸福犹如天上点点闪烁的繁星，总有一颗属于你。

世界上没有两片完全相同的叶子，也没有完全相同的两个人，每个人对于生活的理解也会有所不同。因此，没有谁可以取代谁，也没有一种生活会适合所有人。对每一个人来说，生活都是人生中最重要的一部分，你想要什么样的生活，而什么样的生活又是最适合你的，问自己才是至关重要的。我们首先应该弄清楚哪种生活方式是适合自己的，其次要问自己的内心究竟想要什么样的生活，然后朝着那个方向努力，才能实现自己的人生理想。

人们总喜欢羡慕别人，却忽略了自己所拥有的。很多人总是渴望获得那些本不属于自己的东西，而对自己拥有

第二章
因为灵魂有香气,所以幸福的坐标是自己

的却不加以珍惜。

人各有命,命都不同。每个人都有自己的人生轨迹和道路。有的坎坷,有的平坦,又怎能要求每个人都有同样的目标呢?有人高歌,有人悲泣;有人一帆风顺,有人百转千回,四处碰壁。不同的人生,不同的道路,不同的选择。路好走也罢,难行也罢,适合自己走的就是好路。

如果你把确定自己是否幸福的标准建立在与别人的比较中,那么你的生活中就会充满欲望和遗憾。

第三章

不是玫瑰没关系,
请相信野百合也有春天

没有等出来的美丽，只有拼出来的光芒

人生永远没有太晚的开始

没必要为已虚度的光阴而懊丧。在人生的起跑线上，无论慢一步，还是快一步，并不会对未来起到决定性作用。只要梦想在心头闪亮并敢于不断追寻，一切永远都来得及。

她出生在一个小县城里，父母做大米生意。她的童年生活无忧无虑。20岁时，她像当地其他普通女子一样，在父母的包办下结婚嫁人。然而婚后半年，她发现丈夫是个无赖，于是选择了离婚。

后来，她遇到一个厨师，两人很快相爱结婚，生活和美幸福。丈夫去世后，她一直独居。年轻时她喜欢文学、阅读，这满足了她的精神需求，让生活不再乏味。五六十岁时，她又爱上了舞蹈，这让她拥有了健康的身体，对她来说年龄只是数字。

她很爱美，即使是一个人的生活，她也让自己过得有

第三章
不是玫瑰没关系，请相信野百合也有春天

声有色。口红和镜子时刻放在身边，即使她某天不打算出门，早晨也会化上淡淡的妆。

92岁那年，她跳舞扭伤了腰。看她心情郁闷，儿子建议她写诗——她年轻时的梦想之一，儿子的建议给了她很大的鼓励。没想到，她的诗歌居然发表在了报刊上，这又给她增加了不小的动力。她开始不停地写诗、不停地发表。

2009年秋天，已是98岁高龄的她出版了处女作诗集《别灰心》。诗集销量当年就超过150万册。2010年，这本诗集进入日本年度畅销书籍前十名，创造了日本诗歌书籍出版的神话。她的诗歌像阳光般温暖，以情爱、梦想和希望为题材，写诗时她怀着快乐的心情，因此诗歌也充满了激情。

2011年年初，她又出版了第二本诗集《百岁》，销量依然惊人。

记者问她："您没有意识到自己100岁了吗？"

她笑着说："写诗时没有在意自己的年龄。看到写好的书，才知道自己已经100岁了。"

她的名字叫柴内丰，一个有写诗梦想的平常老婆婆。90岁前，她默默无闻；90岁后，她取得了辉煌的成就。

我们经常听到身边的人感叹："时间都去哪儿了？还没好好感受年轻就老了！"

事实上，我们的人生路还早，一切都还来得及。正如

没有等出来的美丽，只有拼出来的光芒

电影《本杰明·巴顿奇事》中的台词："人生从不会嫌太年轻或者太老，一切都刚刚好。"

无论何时，都别对自己说"我没时间，我来不及"之类的话。无论处于哪个年龄段，只要充满动力，就不怕追不上，怕的是浑浑噩噩、不思进取，提前将自己的人生定格在某个阶段。

人生永远没有太晚的开始，这是一句励志的话，也是美国知名人士摩西奶奶的写照，在美国，摩西奶奶是大器晚成的典范。

摩西奶奶和蔼可亲的笑容以及她笔下描绘的静谧的山谷、田园的风光震惊了全世界。她农妇的身份与画作间的巨大差距，令她成为绘画界的传奇人物。

在摩西奶奶的晚年生活中，绘画是她最亲密的伴侣。100岁时，她激情高扬地说："虽然我100岁了，但我感觉自己还是个新娘，我最想做的是回到开始，重新来过。"

我们来看看摩西奶奶是怎么样"大器晚成"的：

77岁时，她正式开始了自己的绘画生涯。

80岁时，她第一次在纽约举办画展，引起轰动。

101岁时，她在纽约的胡西克瀑布逝世。

20多年中，摩西奶奶共创作了1600多幅作品。

她的精神影响了全世界，甚至包括日本著名小说家渡

|第三章|
不是玫瑰没关系,请相信野百合也有春天

边淳一。

在1960年的一天,摩西奶奶收到一封来自日本的信,这封署名"春水上行"的信中,对方说自己酷爱文学几乎痴迷,每时每刻都希望自己能从事文学创作的事业。然而,令他苦不堪言的是,碍于亲情及生活的影响,他大学读了医学专业,毕业后一直做自己不喜欢的医学工作,心中思念的却是自己的文学梦。现在的"春水上行"已28岁了,可一直在现实与梦想间饱受煎熬,不知自己是应继续坚持写作的梦想,还是从此放弃。

摩西奶奶在回复"春水上行"的明信片中写道:"做你喜欢做的事,上帝会高兴地帮你打开成功之门,哪怕你现在已经80岁了。"听从了摩西奶奶建议的"春水上行",从此弃医从文并在文学创作中取得了惊人的成就,最终成为日本大名鼎鼎的小说家,这位小说家就是渡边淳一。

而渡边淳一的故事,又一次向世人证明:人生永远没有太晚的开始,现在开始刚刚好。

日本作家中岛薰曾说:"认为自己做不到,只是一种错觉。我们开始做某事前,往往考虑能否做到,接着就开始怀疑自己,这是十分错误的想法。"

今天是一个结束,也是一个开始。昨天成功也好,失败也好,今天都可以重新开始开拓自己的人生。昨天失败

了,不要紧,总结失败的教训,继续新的努力。昨天成功了,今天依旧要重新开始,在成功的基础上继续努力,争取更辉煌的进步。

人生随时都可以重新开始,没有年龄限制,更无性别区分,只要有决心和信心。心怀梦想,再坎坷的路,也会有希望。如此,梦想终有与你相见的一天。

有所期待的人生不会黯淡无光

梦想,是深藏在人们心灵深处最强烈的渴望。它像一粒种子,种在"心"的土壤里,尽管它很小,却能生根开花。在你的翅膀不曾展开的日子里,别人无法真正了解你的能力。稳住、相信自己,不忘初心,也给自己一个拼搏的理由。

2009年,《英国达人秀》节目落下帷幕后,苏珊·博伊

|第三章|
不是玫瑰没关系，请相信野百合也有春天

尔的名字不胫而走。这位已48岁的中年妇女成了英国乃至全世界家喻户晓的人物，虽然最终她只是屈居亚军，却带给大家震撼与感动。人们都记住了自强不息的她，并亲切地称之为"苏珊大妈"。

苏珊出生时由于母亲难产而导致短暂缺氧，不得不在保育箱里待了几周后才由父母带回家。医生告诉苏珊的父母她的大脑可能受到了影响，所以这辈子别抱太大的希望。儿时的苏珊一直是同学们嘲弄的对象并得了"傻苏西"的外号。她一直喜欢唱歌，梦想有一天能站在舞台上像明星一样歌唱，但她的听众只有自己的母亲——一个照顾了她半生、一直给予她温暖依靠的人。苏珊早在之前就试图通过选秀节目证明自己，不过由于主持人的"捣乱"与嘲弄没能如愿。而促使她再去《英国达人秀》寻梦的动力，是母亲的去世。

"苏珊，要做些有意义的事度过人生！"

"苏珊，赶快站起来！"

母亲生前说过的那些话时时萦绕在她的耳旁，苏珊终于鼓起勇气走上了海选的舞台。

在主持人通知苏珊上台的一瞬间，一直镇定的她感觉心里像有只乱撞的小鹿，她的手有点发抖，甚至想找个卫生间躲一躲……

"也许我会在观众面前出丑，也许我会厚着脸皮演下

去，但我必须上台去！"苏珊给自己打了打气，走向了舞台。她的头发乱得像个鸡窝，打扮土里土气的，由于紧张慌乱不知该放哪里的两只手，紧紧地贴着屁股，这样的苏珊一亮相，便引起了全场的哄堂大笑。对此她倒很镇定，不过由于舞台灯光太强烈，过了很久苏珊才看清台下的评委是何方神圣。

自选秀节目开办以来，评委们已见识到了形形色色的参赛者。看着台上这位体态臃肿的乡下妇人，他们以为又是个异想天开的家伙。再加上一直没看到出彩的参赛者，评委们实在有点疲倦。他们先是问了姓名，苏珊用带口音的英语作答。

有名的"毒舌"评委西蒙·考威尔问她："你的梦想是什么？"

"成为专业歌手。"苏珊毫不掩饰自己的"动机"。

西蒙强忍住笑："那为什么现在还没实现梦想呢？"

"我没有机会，我希望今晚梦想成真。"苏珊平静地说。

"你想成为哪位明星呢？"西蒙明显想嘲弄她一下。

"伊莲·佩姬。"苏珊的回答很"老实"。

苏珊选的歌曲是音乐剧《悲惨世界》的插曲《我曾有梦》。

已做好哄堂大笑准备的观众们，突然听到了天籁之音，整个现场寂静无声，人们都屏住了呼吸，包括评委

|第三章|
不是玫瑰没关系，请相信野百合也有春天

在内，所有人都被浑厚而富有感染力的声音吸引了，顿时全场掌声雷动。

苏珊也意识到了观众似乎开始接受自己，全场观众一排排地站了起来，他们欢呼、喝彩，掌声、呐喊声以及踩脚声响彻整个现场。

从没受过如此待遇的苏珊大脑一片空白，表演结束后竟无视评委的存在径直走下台去。

这时一个声音飘来："回来，回来。"

苏珊才意识到一切还没结束。她回过头来，发现评委们竟然也站了起来。

评委皮尔斯·摩根兴奋地表示，苏珊是自己参与该节目以来见到的最大惊喜。阿曼达·霍尔顿则反省自己不该以貌取人。"毒舌"西蒙发表评论时，苏珊紧张到了极点，怕自己受不了他那犀利的言语。

"你站在舞台的那一刻起，我就知道我会听到动听的声音，我猜得一点不错。"西蒙的点评让苏珊心里的石头落了地。后来她被媒体称为"让西蒙闭嘴的英雄"。

评委们一致认为苏珊的精彩表演征服了所有观众，毫不犹豫地给了苏珊三个"Yes"，苏珊顺利地晋级了。

一部电影里曾有这样的台词："如果有梦想，一定要好好保护，只有不成才的人，才会说你不会成才。"

没有等出来的美丽，只有拼出来的光芒

梦想的种子不怕天旱少肥，最怕的是你在别人的指点中左右摇摆，然后随着时光流逝，渐渐丢失曾经的激情，最终像小孩对待玩厌了的玩具一样，将其随手丢弃。

无论多小的梦想都值得实现，它再不起眼，也是经过了你的精心打造和汗水浇灌，最终变成一件闪闪发光的艺术品，改变你的整个生活状态。

在太阳升起前，就拼命地奔跑

早起的鸟儿不仅有虫吃，还有可能成为开拓新征途的领路人。从来就没有无须勤奋努力就能成功的天才。爱迪生说："天才是百分之九十九的汗水加百分之一的灵感。"大凡学有所成者，无不是勤奋刻苦的知识追求者。

体操是程菲的梦，她很小就开始了训练，每天凌晨4点半起床，由爸爸陪着跑步两个多小时到体操馆训练，风

第三章
不是玫瑰没关系，请相信野百合也有春天

雨无阻。

懂事的程菲知道家里条件不好，自己能获得接受专业训练的机会很不容易，训练时更加努力了。父母看着她常因训练而摔得浑身乌青，十分心疼，但能给的最高奖励也只有1块钱3串的糯米团子。

为了能在家里训练，父亲在程菲的要求下，在家中的屋梁吊上杠子：两根是双杠，一根是单杠。而练习用的"平衡木"，则是爸爸用粉笔在地上画的两条线。小程菲却如同面对真正的器械一样，练得非常认真。

为纠正天生的"八字脚"，程菲把自己的脚用绷带缠上，走路、跑步时踮起脚，袜子常粘在磨出血的脚上。妈妈心疼得一边掉泪，一边用酒精把女儿的袜子浸湿后再一点点地脱下来。有时程菲会疼得哇哇大哭，但她坚持训练的决心毫不动摇。

天资并不出众的程菲，被选送到国家队时差点吃了闭门羹。进入国家队后，她在众多运动员中毫不起眼，有一次甚至被教练忘在体操馆里。但程菲格外能吃苦，她在完成教练的要求后，还加大自己的训练量。其他队员都回去了，程菲仍在空旷的训练大厅里无数次重复助跑、起跳、空翻、落地等动作。原本十分平凡的她，用勤奋打动了著名教练陆善真，仅一年时间，程菲就在教练的指点下频频夺冠，继而引起了世界体坛的关注。

没有等出来的美丽，只有拼出来的光芒

程菲经常说："给我机会，我就要把握住！"

教练陆善真称赞她说："程菲练这些动作不知经历了多少痛苦的折磨和打击，可她从不抱怨。"

在墨尔本世锦赛上，程菲的惊世一跳被国际体联命名为"程菲跳"。"程菲跳"是第一个以中国女运动员的名字命名的跳马动作。原本平凡的程菲，用自己的勤奋和努力实现了她并不平凡的梦想。

俗话说："种瓜得瓜，种豆得豆。"在成功的路上，人人都希望走捷径——付出最少的努力获得最大的收益，事实上这是不可能的。成功的唯一捷径就是勤奋。即便你聪明绝顶，不肯花时间、精力，最终也只能被普通人超越。

乌兰诺娃是著名的芭蕾舞演员，她一生获得过无数荣誉。著名电影导演爱森斯坦称赞乌兰诺娃为"艺术的灵魂"。

乌兰诺娃出生在一个艺术家庭，父母都是芭蕾舞演员。但年幼的乌兰诺娃却从未想过做一名芭蕾舞演员。她性格羞怯，课堂上老师向她提问时，她总是站着一声不吭，甚至低头流泪。乌兰诺娃身体纤弱，短脖、驼背，几乎所有的常见疾病都得过。而训练艰苦枯燥的芭蕾舞，则

|第三章|
不是玫瑰没关系，请相信野百合也有春天

是一门很残酷的艺术。但经过一段时间的训练，乌兰诺娃渐渐喜欢上了芭蕾舞。每当她做完练习后，一种巨大的轻松感、满足感便油然而生。其他人都希望尽快结束排练、获得休息，乌兰诺娃却一遍遍地揣摩每个动作。学校里的女孩子，外形条件都很优秀，学习时不太用心，总逃课出去玩，乌兰诺娃自知天赋不够，因此每天坚持练习，这样的习惯她一直保持到80岁。

成名后的乌兰诺娃，依然自视为小学生，反复练习每个舞步、舞姿，直到完美完成为止。她对自己严格要求了一辈子。1956年到英国表演的乌兰诺娃，在舞台上扮演了朱丽叶，深深地感染了英国观众。

人生是一个过程，重在拼搏。想过上理想的生活，实现人生价值，就得利用每分每秒，付出更多努力。

不管外向还是内向,请忠于你自己

性格内向的人和性格外向的人谁的人生会更成功?这似乎没什么定论,但现代社会因竞争的需要,人们倾向于给性格外向者以好评,认为她们易沟通、更好相处、更容易融入团队,似乎也更容易取得较大的成绩。某种程度上,外向性格的好处被人们美化了;而内向性格,则更多地和不良情绪联系了起来。比如,抑郁、焦虑,往往被人们等同于"内向""想不开"等。

过去,如果一个孩子"沉默是金",家长可能还会冠以"少年老成"的褒义评价。但在人与人之间的交流日益频繁的现代社会,家长们通常会想各种方式让性格内向的孩子变得外向起来。

性格真的可以改变吗?

一位心理学家曾以自己举例。

第三章
不是玫瑰没关系,请相信野百合也有春天

这位心理学家从小就性格内向,不仅朋友不多,和自家的亲戚也无频繁往来。她认为自己内向的性格不好,所以大学时开始试图改变自己的个性,为此还付出了很大的努力。

接近大三时,她的朋友逐渐多了,而且性格真的改变了:以前内敛的自己,一下子变得开朗;原来只能在几个相熟的人面前表现出幽默,后来在陌生人面前也能大讲笑话。

从内向到外向,她的性格发生了巨大的转变,但这种状况只持续了半年。半年后,她又恢复了原状,原因是性格变外向后,她感到十分不舒服,生活过得很累,觉得还是原来的性格让自己更自在些。

此后,她没有再刻意地改变自己的性格,内向的性格似乎也没有带来什么坏处。她成了有名的心理专家,而转变性格那半年内交到的朋友,几乎全都失去了联系。

由此看来,外向和内向,不能成为成功与否的标准,忠于自己原本的性格,才是能愉快生活的法宝。从心理学的角度来说,每种性格都有它存在的原因和作用。

著名心理咨询师武志红有个特点:在别人对他提要求时不太懂得拒绝,同时,也不太习惯对别人提出要求。他认为:这样一来,多交一个朋友,然而一个并不真正了解自己的朋友,其实是给自己增加了一种麻烦。为了自我保护,他宁愿少交一些朋友,少建立一些关系。从这个角度

来说，内向的个性对有些人来说恰恰是一种保护。

对天生个性内向、缺少朋友的人来说，独处是一种舒服的状态，也是保护自己的一种方式。这种方式也许不太符合主流的价值观，但不会给自己的人生带来坏处，并且，历史上有很多成就突出的人都是内向性格。比如，人本主义心理大师卡尔·兰塞姆·罗杰斯，他本人是一个极端内向者，不过也许恰恰因为这样的个性，罗杰斯才比别人更能意识到接纳的重要性。他提出，在心理治疗中，咨询师要对病人无条件地积极关注，其中大概也有一部分原因是对自己内心的关照。

无论内向性格还是外向性格，几乎在我们还是孩子的时候就已决定了。通常情况下，性格外向的人极富感染力，这种感染力的背后也潜藏着一种信息，那就是"我喜欢你们，所以你们是好的"。因此，对自我评价较低者来说，外向性格的感染力就是对自己存在的最好肯定。

生活中我们常见到两个好朋友或一对夫妻，性格一个偏外向，一个偏内向。这样的搭配，是让人觉得最舒服的组合。不过，无论内向还是外向，忠实于自己的内心，才是获得幸福的源泉。知名心理治疗师素黑曾说："做回你自己，成为你自己，没有什么比这更大的爱。"对自己充满爱，才能对生活充满爱，才能获得真正意义上的成功。

|第三章|
不是玫瑰没关系，请相信野百合也有春天

尊重生命的每个历程

人生就像一段旅程，一段无法停顿和逆转的旅程。从出生起，生命的车轮便滚滚向前，开始经历不同的人生阶段。

如果女人能永葆青春，是否就能永远快乐呢？

在艾利克斯·希尔的著作——全球畅销的儿童书《躲藏的人》中，他虚构了一个人类的未来世界。在这个世界里，人类已掌握了永葆青春的秘诀——PP手术。只要做了这个手术，人的年龄就会停留在做手术的那一刻。于是，大街上渐渐少了满脸皱纹的人，尽是美女和俊男。但实现了永葆青春后，新的问题出现了，人类失去了生育能力！只有少数人能生出孩子，儿童成了地球上的奇缺资源，很多人开始在孩子没有长大时就给他们做PP手术，让他们的面孔永远停在充满稚气的那一刻。

泰伦，全书的主人公，是一个真正的10岁小男孩。很

没有等出来的美丽，只有拼出来的光芒

小的时候，他被一个叫狄特的家伙从父母身边偷走，成了狄特的赚钱工具——专门出租给有钱的人家当小孩，按小时计费，满足大人们想拥有孩子的愿望。随着泰伦一天天长大，狄特也加快了利用他赚钱的脚步，只要泰伦一长大，他就不能再为狄特赚钱了，因此，狄特准备为泰伦做PP手术。但泰伦却不愿意永远做一个小孩，他从那些做了PP手术的"假小孩"眼里看到了无尽的空虚。历经波折后，泰伦终于从狄特手中逃了出来，他看到了风靡全国的明星、苹果般可爱的女孩——小舞鞋弗吉尼亚小姐。她已55岁了，因为做了PP手术，还像5岁时一样可爱。后来，泰伦奇迹般遇到了多年来一直在寻找自己的父亲，回到了自己的家，家人全都未做过PP手术。在那里，他看到了自己的兄弟姐妹，看到了皱纹、白发，还遇到了一个他爱的女孩，两人拥有了自己的孩子。

泰伦又活了70年，去世的前一天，在他曾被出租的城市里，已125岁的弗吉尼亚小姐登台献艺。观看者络绎不绝：人们在她的歌声和舞蹈中回忆自己的童年，把她幻想成自己从未拥有过的女儿，体验人生从未有过的快乐……

尽管这本充满科幻色彩的书是一本儿童读物，但阐述的哲理同样适用于成年人：生命的每个过程都是神圣的，无论诞生还是死亡。假如真的有一天，我们有能力留住了

|第三章|
不是玫瑰没关系，请相信野百合也有春天

自己的青春，生活是不是会变得更好？我们会不会像书中那些永葆青春的人一样，心怀恐惧和悲伤？

出生、长大、成熟、衰老、死亡……生命的过程体现的是宇宙的力量，违背它的力量而追求一些不属于当下的东西，只会使得我们追求的东西最终变成让我们意想不到的痛苦——这种痛苦，最严重时会将我们带向毁灭。

开朗活泼的女孩刘菲和一帮20多岁的孩子侃侃而谈，笑声清脆，马尾辫一晃一晃的，却有孩子叫她"刘老师"，原来她是这帮孩子的大学辅导员。

"你们老师没比你们大多少吧？"首次见刘菲的人多半会这样问。

"我们小刘老师都35岁了！孩子都8岁了，不过，她是我们的'小年轻'！"孩子们七嘴八舌地说。

一般30多岁的女性都是高跟鞋、职业装，怎么刘菲穿着白色的T恤衫、浅蓝色的牛仔裤，还有一双充满了阳光味道的运动鞋呢？35岁的女人不都是走路腰板挺直，目不斜视的吗？怎么刘菲走起路来像只轻盈的小兔子，偶尔还会连跑带蹦？

而跟刘菲熟悉的人才会知道，刘菲拥有的是一颗真正年轻的心。一个真正好心态的女人，是不会整天记着自己的年龄的。

没有等出来的美丽，只有拼出来的光芒

很多女人最害怕别人问起的莫过于自己的年龄了。年龄成了女人内心的伤痛和不愿示人的疤痕。有的女人刚刚过完30岁生日，就开始悲观起来。

她们会因为自己无法控制的年龄，而变得脾气越来越差。她们对老公发脾气，说自己的青春岁月都被眼前的男人蹉跎了；她们对孩子发脾气，说自己为了孩子的学习，为了这个家操碎了心，现在老得快不行了，孩子还这样不懂事。她们看谁都不顺眼，因为公司里年轻水嫩的小姑娘越来越多，有时候，她们气得恨不得让时间停止……

年轻是人人都想拥有的，因为年轻代表着青春、活力、生机勃勃，有无限光明的未来。但是，谁能给年轻的标准下定论呢？同样是30岁的美好年华，有的人认为是灿烂人生的开始，有的人却认为已经青春不再；而在心态上，有的人年纪轻轻却显得老态龙钟、暮气沉沉，有的人年过半百甚至更大却能勇于进取、乐观豁达。

谁都会有年华老去的一天，但逃避承认衰老绝对不是正确的态度。生气、发火更是于事无补。

所以，对于年轻的看法其实更取决于你的生活态度以及心理年龄。作为女人，如果你仅仅靠金钱的投入来换回姣好的容貌，或许能够骗自己一时，可这绝不是长久之计。乐观的心态才是最重要的。

青春美丽时，乐于享受年轻；皱纹满面时，体验变化

第三章
不是玫瑰没关系，请相信野百合也有春天

的感觉；身体衰弱时，感受心灵的富足……尊重生命的每个历程，乐于承担每个阶段赋予我们的角色，这才是我们获得快乐的真正秘诀。

好心态，是灵魂成熟的催化剂

保持积极乐观的心态，生活中就会充满阳光，处处盛开鲜花。只有在心中播种美好和希望，珍惜和掌握自己的命运，生命的旅程才会一路欢歌。

刘女士和王女士都在市场上经营服装生意。她们初入市场时，恰好是服装生意最不景气的季节，进来的服装卖不出去，每天还要交房租和市场管理费。这时，刘女士动摇了，她以认赔5000元的价钱转让了服装精品屋，发誓从此不再做服装生意。

乐观的王女士认真地分析了当时的情况，认为赔钱是

正常现象：一是自己刚刚进入市场，没有经营经验，无法掌握顾客的心理，交"学费"是理所应当的；二是当时正赶上淡季，每年的这个季节，很多服装生意人都不赚钱，善于经营者也只能维持收支平衡。王女士对自己很有信心，认定自己适合做服装生意。

果然，王女士的服装店不久后开始赚钱了。3年以后，她已成为当地有名的服装生意人，每年至少有10万元的红利。而刘女士在三年内改行几次，都未成功，至今仍一贫如洗。

积极的心态是成功的起点，是生命的阳光和雨露；消极的心态是失败的源泉，是生命的慢性杀手。成功女人对待事物，不看消极的一面，只取积极的一面。那么，要如何保持这种积极的心态呢？

（1）烦恼"失忆症"。

人生烦恼无数，不妨尽量学着忘记烦恼，面对麻烦和困境要坚决做一个"没心没肺"的人。

（2）永远不要和别人较劲。

斤斤计较和嫉妒攀比是快乐心境的克星。每个人都有旁人无法替代的优势，扬长避短才是正确的选择。

（3）找快乐。

快乐取决于你的意念。情绪高涨做事自然效率倍增，

| 第三章 |
不是玫瑰没关系,请相信野百合也有春天

怨声载道只会搞砸一切。

(4) 失去也要依然快乐。

有时,不快乐是因为人们总想获取却害怕失去,并为失去的东西而郁郁寡欢。其实,失去和获得密不可分,互为依存。与其为失去而痛苦,不如学会珍惜和懂得放手。

(5) 不在意别人的目光。

我行我素,别为别人的目光违背自己的心意,尊重自己的行为和生活方式,做自己真正想做的事、想做的人。

没有人可以让你卑微

自卑,是一种性格缺陷,往往表现为:对自己的能力、品质评价过低,害羞、不安、内疚、忧郁、失望等。

德国哲学家黑格尔说:"自卑往往伴随着怠惰。"自卑,消磨人的雄心、意志,使之自暴自弃、悲观泄气。研究表明,自卑不仅降低了人的魅力,而且也容易使人衰老。自卑者的大脑皮层长期处于抑制状态,中枢神经系统处于麻木状态,导致分泌系统也变得失常,有害的激素分泌增多;同时免疫能力也会伴随着分泌系统的失常开始下降,易出现头痛、乏力、焦虑、反应迟钝、记忆力减退和食欲不振等情况。

常遭失败和挫折,是产生自卑心理的根本原因。自卑会抹杀人的自信心,而自信却会让你认识到自己哪些方面已拥有足够的能力,以及哪些方面还须再开发潜能,从而更清楚地认识自我。

小欣是一名普通职员,由于做事认真负责,很受上司青睐。后来,她在与大客商的一次谈判中立下了不小的功劳,上司向老板汇报,提升了她的职位。小欣很高兴,但好心情并未能维持下去。

原来,小欣被提升后,公司里传出流言,说小欣"学历、能力都不高,因与上司关系暧昧,才得到提升"。听到这些流言后,小欣虽心中气愤但又无可奈何。仔细想想,自己的学历、能力等似乎都不及其他人。论学历,公司里硕士、博士大有人在;论能力,自己也无出众的才华;论资历,自己刚来公司不到一年……小欣越比越气馁,自卑的情绪日渐蔓延,终日郁郁寡欢。

|第三章|
不是玫瑰没关系，请相信野百合也有春天

自卑是缺乏魅力的根源。自卑者易轻视自己，看不起自己。其实他们并非不如人，而是无法接纳自己、自惭形秽。那么，有哪些方法可以帮助自卑者摒弃自卑心理呢？

（1）要改变消极的用语。

日常生活、工作中，尽量避免使用消极性的自我描述用语，如"我不行""我做不好"等，这些词语往往造成消极的心理暗示，时间久了，可能你真就"不行"了。

（2）学会走到前面去，抬起头来，正视对方。

心理学家认为，不敢正视对方通常意味着对方的存在使你感到自卑、不自在，或自己不如对方却又害怕被看穿等。这些往往表示你在向对方发出不诚实或不友好的信息。因此，碰到陌生人时，不妨勇敢地抬起头，挺起胸，目光正视对方，适当提升说话的力度，从而赢得对方的尊重和信任。

（3）正确地认识自我，每天给自己一个希望。

自卑者对于自我的认识往往不够正确、全面。所以，不妨将自己的注意力转移，与其关注自己的弱项和失败，不如将注意力和精力转移到自己感兴趣和擅长的事情上，发现自己的优点，看到自身的价值，选择更适合自己的途径发挥自己的长处，一点点地增加自信心。

最后，你要让自己多带一点微笑。

笑是一种推动力,更是一种治疗自卑心理的有效"心药"。它能化解你对别人的敌对情绪,缓解自己紧张和疲劳的心态,从而令你对生活充满热情,生活自然也就一天天地美好起来。

第四章

守稳初心,
尽情挥洒你的温暖

没有等出来的美丽，只有拼出来的光芒

心怀感恩，奋斗路上不孤寂

英国著名作家萨克雷说过："生活是一面镜子，你对它笑，它也对你笑。"同样，你若感恩生活，生活也会赐予你幸福的阳光。可见，感恩是一种赞美生活的方式，可使我们对生活充满爱与希望，也能得到更多的快乐和幸福。

闹饥荒的那年，家庭殷实而且心地善良的面包师，把城里最穷的几十个孩子聚集到一块儿，然后拿出盛有面包的篮子，对他们说："篮子里的面包你们一人一个。在上帝带来好光景以前，你们每天都可以来拿一个面包。"

瞬间，饥饿的孩子一窝蜂地涌了上来：他们围着篮子推来挤去大声叫嚷，都想拿到最大的面包。在每人都拿到了面包后，竟无一人向这位好心的面包师说声"谢谢"。

最后，一个叫依娃的小女孩，既未吵闹，也未参与争

第四章
守稳初心，尽情挥洒你的温暖

抢。她谦让地站在一步以外，等别的孩子都拿到后，才把剩在篮子里最小的面包拿起来，并向面包师表示了感谢，在亲吻了面包师的手后方才离去。

第二天，面包师又把盛面包的篮子放到了孩子们的面前，其他孩子又如昨日般疯抢起来。而羞怯、可怜的依娃，只得到一个比昨天还小一半的面包。回家后，当妈妈切开面包的时候，依娃发现许多崭新、发亮的银币掉了出来。

妈妈惊奇地叫道："立即把钱送回去，一定是揉面时不小心揉进去的！依娃，赶快去！"

当依娃把妈妈的话告诉面包师时，面包师慈爱地说："不，我的孩子，这没有错。是我把银币放进小面包里的，我要奖励你。愿你永远保持现在这样一颗感恩的心。回家吧，告诉妈妈这些钱是你的了。"

依娃激动地跑回家，告诉妈妈这个令人兴奋的消息——这是她的感恩心得到的回报。

感恩是对恩惠心存感激的表示。懂得感恩，内心才会充满温暖、幸福、快乐。

康德说："在晴朗之夜，仰望天空，会获得一种快乐，这种快乐只有高尚的心灵才能体会得到。"

没有等出来的美丽，只有拼出来的光芒

17世纪，英国的清教徒遭到政府和教会势力的残酷迫害，很多清教徒被迫躲到了荷兰。但逃亡到荷兰后，他们不但未能得到庇护，反而遭受了战争的摧残。为了生存，他们决定再次迁徙。这次，清教徒们看中了美洲新大陆。那里物产丰富，没有国王、议会，更没有刽子手。于是，清教徒领袖威廉·布拉德福德召集了100多名同伴，登上了一艘重约180吨、长19.5米的木制帆船——"五月花号"，开始了他们的美洲旅程。因当时形势紧迫，他们在一年中最糟糕的季节渡洋了。

经过两个多月的航行，清教徒们最终到达了马萨诸塞州普利茅斯湾。

"五月花号"船上的清教徒在普利茅斯港抛下锚链，划着小船登陆了。按照当时的航海规矩，他们首先登上一块很高的大礁石。紧接着，"五月花号"上响起礼炮声——全新生活开始了。这块礁石而后被称为"普利茅斯岩"，它成为清教徒移民的历史见证。

但接下来的冬天，移民美洲的清教徒们不得不面对繁重的劳作、糟糕的饮食、严酷的寒冬以及各种传染病。这批清教徒一下子死去了一半以上，每个人都一脸愁容，对未来失去了信心。

然而第二年春天的一个早上，一个印第安人走进了清教徒们的小村庄。这个印第安人是附近村落酋长派来的

|第四章|
守稳初心，尽情挥洒你的温暖

"督察员"，也是清教徒们移民后迎来的第一个客人。在接受了清教徒们的热情招待，又聆听了他们的诉求后，印第安人带来了热情的酋长马萨索德。酋长对移民们表示了欢迎，还送来了很多生活必需品，又派出几名能干且经验丰富的印第安人留在此地，教他们捕鱼、狩猎、耕作以及饲养火鸡等生存技能。

这一年风调雨顺，再加上好心的印第安人给予帮助和指导，移民们获得了大丰收。秋末冬初，他们向印第安朋友的无私帮助表达了由衷的感谢。这就是感恩节的由来。

感恩，是对生活的谢意和珍惜，它不是仅仅停留在嘴上的空泛词语，而是一点一滴体现在日常的行动中。学会常怀感恩，生活必将会更美好。

赠人玫瑰,手有余香

俗语说:"赠人玫瑰,手有余香。"学会付出是美好人性的体现,也是一种处世智慧和快乐之道。通情达理的女人懂得分享、给予和付出,并从中感受到快乐和富足。只想索取,不愿付出,必被自私局限,最终只能在焦虑中彷徨。

给予比获取更能使我们心中充满幸福感。尽己所能帮助需要帮助的人,把握好与人交往的分寸。这不仅是一种朴素的爱,更是用爱润湿灵魂后折射出的人格光芒。

20世纪90年代末,一位女教师去百货商店买东西,突然发现距离她不远的地方,有个七八岁的小女孩躲在货架后面拆开了一包进口饼干正在狼吞虎咽。

此时,售货员并没有发现小女孩的偷窃行为,但小女孩惊慌的视线忽然与她相遇了。那一瞬间,她看到孩子眼里流露出极度的惊恐和无限的哀求。

第四章
守稳初心，尽情挥洒你的温暖

女教师进退两难，装成没看见吧，这样会毁灭一个孩子，但揭发同样也会毁灭一个孩子。此时，小女孩越来越害怕，靠着货架大口地喘气，剧烈的颤抖发出的动静引起了远处售货员的注意，售货员匆匆结束了与一位大爷的生意后就向这里走来。

就在这一瞬间，女教师下定了决心，她故意用很大的声音说："看你这孩子，这包饼干妈妈还没来得及付钱呢。你怎么就拆开吃了呢？"然后她走上去，轻轻地牵起小女孩的手，拿起那包饼干，对售货员笑笑，抱歉地说："对不起，孩子想吃进口的饼干，我答应给她买。但我还有些东西没挑选好，她大概以为我付过钱了……现在我来付吧。"

售货员看了一眼女教师，她平和的面容让他不再怀疑什么，他接过了钱，把吃剩的饼干给了"母女"两人。女教师什么也没说，把小女孩带出了商店，将饼干给了她。

惊魂未定的小女孩感激地看了她一眼，然后飞一般的跑了。

时光匆匆，当年的百货商场已经变成了一家大型超市，女教师偶尔会去超市购买一些生活用品。

这个周末的中午，女教师提着一些生活用品从超市里出来后，突然发现有一辆车似乎在跟踪她，她回头看看车牌，是本地的。她心里很奇怪，站在路边放下手里的购物袋，思量着对策。

没有等出来的美丽,只有拼出来的光芒

此时,车从她面前开过去又倒回来,停了下来,车门开了,车上出来一位面目清秀的女子,迟疑着向她走来。

"请问你是……"双方几乎同时开口。那女子激动地说了一堆话,终于,女教师明白了,眼前这个光彩照人的白领丽人,正是当年在商场里偷吃饼干的小女孩。

"阿姨您知道吗?我当时其实不饿,爸爸妈妈整天吵架,威胁说不要我了,我和他们赌气,就想要做点坏事给他们看看。但是,真的做了坏事我又很怕,我怕伤了他们的心……"女子眼里泛着泪光,轻声说,"虽然我至今都不明白,您为什么愿意帮我,但我这么多年来,一直想找到您,亲自说一声谢谢!"

女教师的眼睛也开始模糊起来,好奇地问:"你现在在做什么?"

女子笑了:"我现在是这个超市的企划部经理。我已经结婚了,有一个女儿。"

女教师的心中猛地一颤。望着女孩脸上幸福的笑容,她也笑了。

美国盲聋女作家海伦·凯勒曾说:"我发现生活是令人激动的事情,尤其是为别人活着时。"把自己的热心给予别人时,快乐就会常驻心中。漫漫人生路,如果你正为孤独而忧伤、为艰险而苦恼,不妨试试给别人带来快乐。如此,

|第四章|
守稳初心，尽情挥洒你的温暖

快乐也会飞到你的身边。

世间的爱，犹如因果循环。给予别人爱，不见得有直接回报，但最终会循环到自己身上。如果每个人在爱护自己的同时，也试着学会关爱别人，那自己必将得到更多的爱护。

郝武德·凯礼医生还是一个穷苦学生时，他为付学费曾挨家挨户地推销货品。晚上，他肚子很饿，而口袋里只剩下一个硬币。于是想着向别人讨要一些食物，当一位年轻貌美的女孩打开门时，他却失去了勇气。他没敢讨饭，只请求对方给自己一杯水喝。

女孩看他饥饿的样子，就端出了一大杯鲜奶。他不慌不忙地将鲜奶喝下，而后问女孩："我应付多少钱？"

女孩的答复却是："母亲告诉我们，不为善事要求回报。"

他说："那么，我只有由衷地谢谢了！"

数年后，年轻女孩患了一种十分罕见的病，且病情危急。当地医生都已束手无策。家人将她送进大都市，请来专家检查她的病情。这位专家恰巧就是当年穷困时的郝武德·凯礼，他听说病人是某某城的人时，心里一震，他立刻换上医生服，走进女孩的病房。

郝武德·凯礼一眼就认出了女孩。他马上回到诊断室，

没有等出来的美丽，只有拼出来的光芒

决心尽最大的努力挽救她的性命。

从那天起，郝武德·凯礼特别观察她的病情。经过漫长的治疗后，女孩终于战胜了病魔。

计价室将出院的账单送到郝武德·凯礼医生的手中，请他签字。他看了账单一眼，在账单边缘写了几个字，将账单转送到女孩的病房里。

女孩不敢打开账单，她确定，自己一辈子都可能还不清这笔医药费。

但最后，她还是打开看了，然而账单边缘上的字，引起了她的注意——一杯鲜奶足以付清全部医药费！签署人：郝武德·凯礼医生。

赠人玫瑰，手有余香：不要吝于伸出双手，也许一个简单的爱的动作，就能让处于困境中的人感受到生命的阳光和人间的温情。

成熟女人，往往懂得处处爱人、敬人，不带任何偏见和轻视。正所谓"投之以桃，报之以李"，要想得到别人的帮助，首先得学会主动帮助别人。

|第四章|
守稳初心，尽情挥洒你的温暖

给别人一分宽容，给自己十分从容

热带海洋里生活着一种浑身长满毒刺的鱼，这种鱼的奇异之处，恰恰在这些毒刺上：攻击其他鱼类时，它们像带着仇恨一般，异常愤怒，这时，刺会变得坚硬且毒性大增，对受攻击的鱼类造成的伤害将加深。

从这种鱼的生理机能上看，它们的寿命并不短。然而，现实中往往短寿。短寿的罪魁祸首就是它的毒刺。它越是愤怒，越是满怀仇恨，毒刺攻击得越狠，对其他鱼类和自己的伤害就越深。这种愤恨的怒火，让它的五脏六腑跟着一起灼烧，烧毁别人的同时也毁了自己。

其实每个人都可能会遇到给自己带来刻骨伤痛的人：或是昔日的恋人，或是曾经的挚友，或是只有一面之缘的陌生人。但无论对方是无心伤害，还是有意为之，都不要背负着仇恨生活。在仇恨的岁月里，无时无刻不被怒火灼伤的，其实是自己的心。

内心产生仇恨的念头时，第一个受害者不是别人，而是自己。当心灵被仇恨所束缚，仇恨占据了你生活的全部，你还会有自己的梦想吗？你还会想到自己来这个世界的目的吗？是甘愿当一个复仇的工具，还是去实现自己的人生价值，享受生活给予你的恩赐？

这位50多岁的黑人妇女上次经过这个村落是大约10年前的事情。那是一件令她终生难忘的事。

那次，她也是带着随从走在由利比里亚通往几内亚的小路上。靠近这个村落时，她的贴身护卫维撒告诉她，他的家乡到了，他的父母非常欢迎她的到来。由于连日奔波，他们非常疲惫，需要充足的睡眠和给养。她现在依然清楚地记得这个村落的样子，房屋低矮，但整洁干净，四周绿树葱茏，枝繁叶茂，一派欣欣向荣。

就在他们靠近村庄时，一棵大树后面响起了枪声，子弹向她射来。训练有素的维撒，反应迅速，猛然把她扑倒。她获救了，可罪恶的子弹却夺去了维撒年轻的生命。

后来才知道，开枪者是维撒的邻居——一个叫阿撒的年轻人。

时间匆匆地过去，她这次路过，想去看看维撒的母亲，她到达的时候，维撒的妈妈正从家里扛着一袋粮食往外走。

第四章
守稳初心,尽情挥洒你的温暖

看见客人,她非常兴奋,跟她热情拥抱,并将他们迎到屋里,倒水,拿食物……一切安顿完毕,这位年迈的老妈妈又扛起粮食出门了。

她问老妈妈:"您要去哪里?"

老妈妈回答:"给阿撒的妈妈送粮食。阿撒开了黑枪逃走后一直杳无音信,阿撒独身的妈妈年老体弱,家里已揭不开锅……"

她不禁提醒这位善良的老妈妈:"他们不是我们的敌人吗?"

老妈妈叹了口气,回答:"都过去了,以怨报怨,只能增加仇恨。"

那一刻,她的心灵震撼了:每次走在流亡路上的她,都在想有朝一日将卷土重来,打败政敌,重获权力,使曾让她饱尝艰辛的人付出代价。可这位老妈妈的话,使她明白:饱经战乱的利比里亚要的不是仇恨和战争,而是能化解矛盾、消除隔阂、获得理解并赢得民众支持的宽容。

此后,号召人民忘掉仇恨,以宽容、和解治愈历史创伤的她,最终赢得了利比里亚人民的理解和支持。通过民选,她如愿登上了总统宝座。

她就是埃伦·约翰逊·瑟利夫,于2006年1月16日宣誓就职的第一位利比里亚女总统。她也是非洲大陆有史以来第一位民选女总统。瑟利夫以她的智慧和魄力,为非洲政坛写下了不平凡的一章，也为这个亟须宽容的世界写下了浓墨重彩的一笔。

可见，宽容是对别人的谅解，也是对自己的考验。对世事豁达大度，方能始终笑对人生。在我们的生活里，也许没有这样波澜壮阔的时刻，只是一些平凡而普通的点滴，但就在这平凡的时刻里，我们也有必要提醒自己学会宽容。

高一那一年，小明在公共教室里上自习，从食堂里打来饭一边吃一边看书，随后把垃圾收拾好，出门的时候扔掉了。

星期一早上，班主任开早会的时候，语重心长地说："这个周末，我们班有同学在公共教室里吃饭没有打扫干净，垃圾都没有扔，被年级组长看到了。我希望这位同学主动承认。"

没有人回答，班主任的目光扫视着全班同学，小明思来想去，还是深感不安地站起来："老师，昨天我是在公共教室里吃饭了，但是我把垃圾带走了，也许在我之后，还有其他同学进去过……"

然而，班主任根本没有听小明把话说完，他说："做就做了，坦白承认就行，我不希望听到你非要找借口。"

小明心里很难过、委屈，当场就流泪了。

此后，他对班主任心存芥蒂，一直到毕业。

第四章
守稳初心，尽情挥洒你的温暖

高考后，毕业散伙饭时，班主任表扬小明成绩不错，是他教过的优秀的学生。小明终于忍不住了，跟他说："老师，你现在这样评价我，那天为什么要那样冤枉我？"

"什么时候冤枉了你？"班主任吃了一惊。小明又把那件事情从头到尾说了一次，但小明从班主任愕然的眼神里发现，他是真的忘记了这件事情——或者说，班主任并不曾意识到他的一句话对小明造成了多大的伤害。

我们无须用别人的错误惩罚自己。跟自己过不去，是不值得的，没必要把宝贵的时间和美好的未来浪费在对别人的埋怨和痛恨中。

无论对生活还是工作，我们都不要轻易发怒，不让别人的不足影响自己的进步，不让别人的错误成为自己的包袱。

面对他人的过错，能心平气和、泰然处之的人，才是生活中的智者。别人的过错，不属于自己，没必要为它烦心、苦恼。

谭恩美是美籍华裔女作家，她的作品生动感人，温婉的语言抚慰着读者们的灵魂。可令人难以想象的是，16岁那年，谭恩美曾用充满仇恨的话语，对站在面前的母亲喊道："我恨你！我恨不得你马上死掉……"

在谭恩美的记忆中，少年时与母亲的争吵似乎一直持续着。每次争吵后，母亲都会露出近乎疯狂的扭曲微笑，然后在喘息中大声叫嚷："好啊！我也许该死掉，这样就不用当你的妈妈了！"

接下来的日子里，母女俩陷入了"冷战、争吵，再冷战、再争吵"的死循环中。

最让少年谭恩美受不了的，是母亲常在别人面前批评、羞辱自己，禁止自己做某些事情，哪怕自己理由充足。母亲不要理由，只会批评，这让谭恩美暗自发誓：永远不忘这些委屈！要让自己的心硬起来——像母亲那样！

30年后，谭恩美意外地接到了母亲的一通电话。这让她惊讶万分，因为已患上老年痴呆症3年多的母亲忘记了许多人和事，甚至无法讲出连贯的话语。

但话筒那边确实是母亲焦急的声音："恩美！我的脑子出问题了！很多事我都记不得了！昨天我做了什么？对你做了什么？我不记得很久以前到底发生过什么事……"母亲说话时像个溺水者，挣扎着却发现自己越陷越深。

"你不要担心！"谭恩美终于开口。

"不！我知道我做过一些伤害你的事情！"母亲狂乱地叫起来。

"你没有，真的，别担心。"不断重复这几个字的谭恩美哽咽着，不想让母亲听出来。

"真的吗？"母亲平静了一些，"好吧，我只是想让你

第四章
守稳初心，尽情挥洒你的温暖

知道。"

挂上电话，谭恩美大声哭了出来，既伤心，又幸福。

6个月后，母亲故去。

谭恩美在母亲的葬礼上这样说："遗忘掉仇恨和痛苦，铭记住亲情与关怀，这才是人生最重要的。"

选择了仇恨，必将在黑暗中度过余生；而选择了宽恕，就能将阳光洒向大地。心灵如同一个容器，爱越来越多时，仇恨就会被挤出去。不断用爱充满内心，仇恨自然没有容身之处。

宽容，不只是一种美德，更是拯救世人、改变世界的神奇力量。女人应学会宽容：为自己，为他人，为世界。

张小娴说："被恨的人是没有痛苦的。去恨的人，却是伤痕累累。"恨意让生活陷入黑暗，让心灵陷入迷途。不懂宽恕的女人，永远画地为牢。放下怨恨，不再受负面情绪困扰。当阳光照进生活，内心深处将散发出恬淡优雅。

没有等出来的美丽，只有拼出来的光芒

微笑着原谅，不和自己较劲

日常生活中，人们往往习惯于对别人说"没关系"，忍让他人的过失，却很少愿意对自己说一句"没关系"，始终对自己的失败与错误耿耿于怀。其实，不妨多给自己一份鼓励、一个机会，放下过往，争取赢得最后的成功。

2008年8月17日，在北京奥运会女子竞技体操决赛场上，我国女子竞技体操名将程菲两次失手。

程菲的跳马技术是尽人皆知的，她的跳马技术堪称当今女子跳马最高水平。

在2005年墨尔本世界体操锦标赛上，程菲凭借她的高水平发挥，不仅夺得中国首个女子跳马世界冠军，她的新动作还被国际体联命名为"程菲跳"。

在北京奥运会跳马比赛中，程菲的第一跳以完美的表现获得全场最高分16.075分，然而第二跳时，她却因失误跪在了

第四章
守稳初心,尽情挥洒你的温暖

地上。而在自由体操环节,又一次失误的程菲摔倒在垫子上。

如果说第二次失手,是因程菲还未走出第一次失败的阴影,背着思想包袱;那么第一次的失误则是过于追求完美的结果。

对自己说"没关系",是一种积极的生活态度,更是成大事者的必备风范之一。真正的人生赢家,不仅拥有对他人"海纳百川"的包容精神,更具备一种善待自己的良好心态。

肖琳琳的第一份工作是在一个著名外企,过五关斩六将才入职的她被部门视为"重点培养对象",刚进公司就被任命负责一个重要会议的企划案。

肖琳琳非常认真,每天都熬夜准备这份企划案。

可到了会议那天,由于过度紧张,肖琳琳没有带全准备好的资料,丢了一份数据表。本来这也不是什么大不了的事情,因为长期工作,那些数据资料她几乎都记得滚瓜烂熟了,只要她保持镇定自若,发言的时候把这份数据模糊化一点,也不会有人去注意它。

但是,肖琳琳是个要强、追求完美,甚至有点固执的女孩。她不能原谅自己的失误,发现自己的疏忽后她后悔得快要哭了出来,发言时词不达意,几次中断,结果可想而知。

之后,由于状态一直不好,又出现了几次小失误,肖琳琳对自己更加不满。以前自信的她,现在甚至觉得自己不适合这份工作。

肖琳琳的情绪越来越不好,领导找她谈过几次话,宽慰她过去的事情都过去了,人应向前看。肖琳琳努力让自己情绪稳定下来,可是一进会议室,她就觉得非常不舒服,甚至会头晕,心跳加快,口吃……最后,她只好辞职离开了这家公司。

很多人在犯错后,无法原谅甚至憎恨自己,进而影响现在乃至未来做事的心情。事情过去就过去了,心里认识到了就已是一种收获,不必终日心怀内疚地生活。

学会容纳人生的瑕疵,将曾经的失败、犯过的错误变成弥足珍贵的经历和经验才是明智之举。错了就错了,别为难自己。有时,人生只需要拐个弯儿,而后就是海阔天空。

| 第四章 |
守稳初心，尽情挥洒你的温暖

虚心接受批评，无论是否公平

俗话说："脊背上的灰自己看不见。"自己的毛病，如果没有别人指出来，自己也是不知道的。他人的批评正是我们改进的良机。有人把批评比作"伸向我们的一根跳竿"，因为我们只有面对批评，并不断跳跃过它的时候，才能越来越优秀。

别人批评我们，大多时候是因为我们确实存在缺点和问题，很多人在批评我们的同时，也经常会给我们一些意见。这样，我们所受的批评越多，进步的良方也就越多。由此可见，善于听取他人的意见，对于事业的成功是十分有益的，有时甚至是非常必要的。

但有时候，我们也确实可能受到了不公正的批评，这时，我们也应沉住气，采取正确的处理方式，不要意气用事，更不能用消极的方式面对。只要是善意的批评，我们都应该乐于接受。

没有等出来的美丽,只有拼出来的光芒

小月在一个企业当文秘,一次,企业提前做好了人事调整的安排,老总跟小月讲,千万不能透露消息,以免影响大家的情绪。

但是后来,很多人不知怎么竟然得知了公司的调整。在开会时,老总毫不留情地批评了小月,说是小月向员工泄露了人事安排的事。老总的措辞有些严厉,小月感觉被冤枉了,非常不能接受,情急之下她把本子一合,站起来说:"我不开会了,我不干了。"就走出了会议室,直接回了家。

当天晚上,老总给她打电话,她拒接。

第二天,她干脆把手机关掉了。

第三天,早上8点多,有人敲门,她从猫眼儿里一看,天啊,居然是她的老总!

小月只好请他进来了。他对小月说:"人事调整的事,确实不是你泄露的,我调查过了,冤枉了你,是我不对。但是,有什么误会你要心平气和地讲清楚,怎么能一批就跳、意气用事呢?你要知道我也是人,是人就难免有主观的时候,你还年轻,以后会遇到更多这样的事情。不管你是否回去上班,我都要告诉你,无论批评正确与否,都要抱着'有则改之,无则加勉'的态度,耐心地面对啊!"

这是小月在职场上学到的重要一课。她明白了,接受不公正的批评,也是一种有修养的成熟表现。

第四章
守稳初心，尽情挥洒你的温暖

西方谚语说："恭维是盖着鲜花的深渊，批评是防止你跌倒的拐杖。"因为自尊心在作祟，人们大都不喜欢受到批评，但只有接受批评才能让自己不断进步，找出自己的弱点并加以改正。面对批评，我们首先要控制情绪、理智分析。接受他人的批评不是不相信自己，而是更加勇敢、更有自信的表现。

人本来就是学习型的生物，一个自信、勇敢的人乐于听从别人的意见：一方面是勇敢地承认自己的不足；另一方面也能够从别人的意见中吸取经验，寻找更多良方，寻找更好的处理事情的方法。

松下幸之助说过："有人骂是幸福。任何人都是因为挨骂，才能向上进步。"受到批评的人，要有雅量把别人的责骂当作自己追求上进的依据，这样的批评才能产生效果。如果对批评反感表现出不愉快的态度，就失去了再次接受良好意见的机会，我们的进步也就停滞了。

刚进入职场的张珊珊觉得部门前辈讨厌自己，根本不给她安排工作，就连开会也把她当成透明人。张珊珊一开始不明白是什么原因，每天都惴惴不安。

后来有同事提醒她，刚进公司第一次开会时，她当着上司的面，指出了前辈方案的缺陷。作为新人，张珊珊的行为使前辈觉得不被尊重，还给其他同事留下了爱出风头的印象，因此她难免会被同事们孤立。

她想明白了，上司或者同事看我们不顺眼，有时候不是无缘无故的，除了我们能力不足，还可能是我们不会待人处世。如果我们不想被人冷落，那就应该审视自己，提升自己。

不同的人站在不同的立场，对事情会有不同的看法。有时候，我们需要站在别人的角度上看待自己。

当然，这并不是要我们被别人的意见左右，被那些闲言碎语影响，做事应当坚持主见。别人的评价有对有错，我们要做的是，正视他人的批评和冷言冷语，不断纠正自己，对批评我们的人说声"多谢指点"。

因为，与人争得面红耳赤常常没有任何意义，不如表现得优雅些，我们做得好，受到赞扬的时候，就说声"感谢"；我们做得不好，受到批评的时候，学会接受，并吸取经验，为下一次做得更好做准备。

虚心接受批评，无论是否公平，都可以让批评变成一面自我矫正的明镜。

| 第五章 |

让爱情和婚姻
变成你所希望的样子

没有等出来的美丽，只有拼出来的光芒

找一个适合自己的人相爱

张小娴曾说："爱上一种味道，是不容易改变的。即使因为贪求新鲜，去试另一种味道，始终还是觉得原来那种味道最好，最适合自己。"

在雯雯和雷雷的婚礼上，司仪非要他们讲讲恋爱时的故事。雷雷说："我追了她很久，从大学一直到工作，我知道还有好几个工作比我好也比我帅气的男生在追她，一度以为自己没希望了。后来，姐姐结婚，请她去做伴娘，我给雯雯送了一双鞋子，才使她最终接受了我，我非常感谢姐姐的那场婚礼。"

观众一起起哄，非要雯雯说说为什么因为那双鞋接受了雷雷。

雯雯笑着说："其实我去参加姐姐的婚礼之前，收到了好几双鞋，但是只有他注意到了我的脚有旧伤，穿高跟

第五章
让爱情和婚姻变成你所希望的样子

鞋会很不舒服。他送我的那双鞋，不但是坡跟的，而且他还亲自在鞋里铺上了一层厚厚的软垫，穿一天也不会疼。"

雯雯接着说："觉得生活中的我是个粗心大意的人，常常为了工作废寝忘食。我渴望有个人在身边照顾、关心自己，雷雷的这份踏实和细心打动了我。他就是我的知心爱人。"

婚恋中，选择最适合自己的人，才是真正的明智之举。

赵鑫和周敏是一对青梅竹马的恋人。

一天，赵鑫和周敏手牵手逛街时，路过一家首饰店。店内玻璃柜中的心形金项链让周敏挪不开步子了，于是她央求男友买下这条项链作为礼物送给自己。

赵鑫摸摸钱包，脸红了：自己每月两千多块钱的工资实在买不起这么昂贵的项链。他只好避开周敏恋恋不舍的目光，拉着她走开了。

几个星期后，周敏的25岁生日到了。赵鑫为女友举办了一个生日派对。宴会上，他喝下几瓶啤酒后，红着脸拿出给女友准备的生日礼物——正是周敏心仪已久的心形金项链。激动不已的周敏，当众给了赵鑫一个热烈的吻。

赵鑫的脸又红了，声音很低："不过……这……项链是铜的……"声音虽小，但客人们都听见了。周敏的脸蓦地涨红了，她觉得自己受到了莫大的侮辱，遂把正准备戴到脖子上的项链揉成一团塞在牛仔裤的口袋里,赌气地举起酒杯:"来,喝酒!"

直到宴会结束,周敏再也没看赵鑫一眼。

不久,魏永刚闯进了周敏的生活。他用一种炫耀的口气告诉周敏:"我什么也没有,只有钱!"

魏永刚把很多闪闪发光的黄金首饰戴到周敏的身上,就这样俘获了她那颗爱慕虚荣的心。

两人打得火热,很快就租房同居了。

魏永刚起初对周敏百依百顺。可好景不长,怀孕了的周敏竟发现魏永刚背着自己有了别的女人。面对她的质问和哭闹,魏永刚选择了逃避和消失。

房东来催周敏交房租,可她身无分文,走投无路,只好把自己的黄金首饰抵押给房东,请求他宽限几天。

房东眯眼看了看,说:"这些都是镀金的首饰,才值几个钱?"

周敏一下愣住了,心头犹如被浇了一盆冷水。

在首饰堆中翻腾的房东,最后指着一条心形项链说:"嗯,这倒是条真金项链,值点钱的!"

周敏回过神来,看了看项链,心想:这不就是赵鑫送的那条"铜"项链吗?

想起和赵鑫在一起的日子,周敏泪如雨下。

|第五章|
让爱情和婚姻变成你所希望的样子

很多女人盲从于世俗的看法,却忽视了内心真正的需要和快乐,这样的选择往往得不偿失。与其如此,不如听一听自己的心声,选择最适合自己的人,共同走过幸福人生。

爱再怎么可贵,也不要低到尘埃里

一代才女张爱玲说:"爱上一个人,心会一直低,低到泥土里,在土里开出花来,如此卑微却又如此欣喜。"

可无论在爱情还是婚姻里,卑微往往留不住人心。牺牲自我,放弃尊严:你爱的姿态越卑微,就越加快了他离开你的步伐。

张爱玲与胡兰成的爱情悲歌,至今仍令人唏嘘不已。

他们相识时,胡兰成已有妻室且因政治原因曾在南京入狱。张爱玲却对这些不以为意,认为爱是自己的,无须考虑其他。

没有等出来的美丽，只有拼出来的光芒

胡兰成在张爱玲面前从不掩饰其浪子本性。张爱玲明知胡兰成不爱家、不爱国、做事荒唐，可仍坚持认为他会爱自己。甚至当胡兰成告诉张爱玲自己是个没有离愁的人时，张爱玲也依然欣赏而非抽身而去。

在送给胡兰成的第一张照片后面，张爱玲写道："见了他，她变得很低很低，低到尘埃里。但她心里是欢喜的，从尘埃里开出花来。"爱让高傲的她变得谦卑至此，然而却不曾想过，男人对于已被征服的女人，是很容易失去兴趣的。事实上，若爱有一百分，说十分即可，否则免不了被对方看轻。

婚后不久，胡兰成在武汉与护士周训德谈起了恋爱，又在温州与范秀美有了情事。他以张爱玲通透、豁达、慷慨为由，明目张胆地欺负她。

张爱玲去温州看胡兰成，胡兰成不喜反怒："夫妻患难相从，千里迢迢特为来看我，此是世人之事，但爱玲也这样，我只觉不宜。"

胡兰成将张爱玲安排在火车站旁边的小旅馆里，白天陪她，晚上陪范秀美。尽管胡兰成起初未曾告诉张爱玲自己与范秀美的关系，然而聪明如她，又怎会不知？

后来，想通了的张爱玲写信给胡兰成，提出分手："你不要来寻我，即或写信来，我亦是不看的了……"

胡兰成看后写信给张爱玲的好友，流露挽留之意。而

|第五章|
让爱情和婚姻变成你所希望的样子

张爱玲没有回信，曾经的恋情也就不了了之了。

可见，卑微换不来爱情，也换不来平等与尊重。爱再怎么可贵，也不足以让我们牺牲自己，放弃尊严。

玛格丽特·米切尔，是美国现代著名女作家、小说《飘》（后被改编为电影《乱世佳人》）的原作者。母亲早逝后，玛格丽特不得不辍学操持家务，如同《飘》中女主人公郝思嘉一样的她，生来就有一种反叛的气质。

成年后因一时冲动，玛格丽特嫁给了酒商厄普肖，但不久婚姻便以失败告终。与其说是厄普肖冷酷无情、酗酒成性，不如说玛格丽特的婚姻爱情观是畸形的。尽管知道厄普肖缺陷多多，玛格丽特仍深深地迷恋对方，甚至以一种仰天崇拜的姿势——而这，无疑令堕落的厄普肖变本加厉，对玛格丽特也日益轻视起来。

婚姻的不幸，让玛格丽特明白婚姻中的双方是平等的。她很快重新振作起来，嫁给约翰·马什。

她打破当时的惯例，在门牌上写下了两人的名字："我要告诉所有人，里面住着的两个主人，是完全平等的。"

更令守旧的亚特兰大社交界感到惊讶的是，玛格丽特不从夫姓。

好在约翰·马什也提倡夫妻间的平等，同他的结合是

没有等出来的美丽，只有拼出来的光芒

玛格丽特的幸运。马什一直支持和深爱玛格丽特，也正是在他的鼓励和支持下，玛格丽特开始从事自己喜欢的写作。

1936年，小说《飘》正式出版，玛格丽特一夜成名。

完美幸福的婚姻，一定是建立在夫妻双方平等的基础上。这种"平等"，包括双方的人格、精神、爱情姿态、婚姻权利等。

在爱情的平等宣言中，《简·爱》语出惊人："你以为，因为我穷、低微、不美、矮小，我就没有灵魂没有心吗？你想错了！我的灵魂跟你的一样，我的心也跟你的完全一样！"的确如此，当我们的灵魂穿过坟墓、站在上帝面前时，我们是平等的。

爱要不卑不亢，婚姻才会幸福和美。

第五章
让爱情和婚姻变成你所希望的样子

幸福要靠自己经营

萧伯纳曾说:"此时此刻在地球上,约有两万个人适合当你的人生伴侣,就看你先遇到哪一个。如果在第二个理想伴侣出现前,你已经跟前一个人发展出相知相惜、互相信赖的深层关系,那后者就会变成你的好朋友;但若你跟前一个人并未培养出深层关系,感情就容易动摇、变心。直到你与这些理想伴侣候选人中的一位建立了稳固的深情,才是幸福的开始,漂泊的结束。"

遇到谁、爱上谁,无须努力,但持续地爱一个人,让激情变成稳固的深情,必须用心培养。结婚不是幸福的开始——经营才是。

理解和包容,是家庭生活中的高贵品质,是夫妻双方思想成熟、心灵丰盈的标志之一。这是一种仁爱的光芒,也是一种生存的智慧,是洞悉了社会人生之后获得的自信和超然。

没有等出来的美丽，只有拼出来的光芒

如果把恋爱比作风花雪月的浪漫小夜曲，那婚姻就是由锅碗瓢盆谱出的命运交响曲。婚姻中，爱情会慢慢地不再被提起，更多的是夫妇间的同甘共苦，相互守候和扶持。在家庭生活中，仅靠爱情的基础是远远不够的，还需双方用心理解、包容、经营和维系。

关于好的爱情，舒婷在《致橡树》里这么写道："我必须是你近旁的一株木棉，作为树的形象和你站在一起。根，紧握在地下；叶，相触在云里。每一阵风过，我们都互相致意。"

有一对夫妻相识于高中，两人在高中的时候只是同桌，并没有谈恋爱，但在平时的学习生活中互帮互助，常常能看到他们互相为对方讲解不懂的题目。他俩考上同一所大学以后，关系才突飞猛进，一毕业就结了婚，如今孩子都已经能打酱油了。

她老公家里并不富裕，同学们得知他们谈恋爱之后，怂恿她让他好好请一次客，以证明他对她的真心。她却念及他的家境，找了个借口推托掉了，并从头到尾未告知他。后来，他从同学处得知此事后，念及她的体贴，感动落泪。

婚后他不负她的期望，果然是个体贴温暖的好丈夫。在她坐月子的时候，他忙前忙后地亲自照顾：半夜起来冲奶粉、哄孩子、换尿片……第二天还要上班的他，日日顶

第五章
让爱情和婚姻变成你所希望的样子

着"熊猫眼",从未要求她为孩子操过一点心。

在处理婆媳关系上,他更是一早就把老妈搞定。告知老妈这是他的宝贝媳妇儿,从小被捧在手心长大,从未受过一点委屈,谈恋爱时待自己又是如何如何的好,也希望老妈不要让他宝贝媳妇儿受一点儿委屈。

她本来就讨人喜欢,待婆婆极好,婆婆听了儿子的话,更是待她视如己出,婆媳矛盾化解于无形中。一家人其乐融融。

这夫妻两人的性子都很淡然,从未在朋友圈以及任何公开场合高调秀过恩爱。他们为对方所做的,不过是生活中一些平常得不能再平常的小事,却是同学们公认的恩爱夫妻。

同学们提起这两位,无不啧啧称赞。

其实,他们也有过普通人的争吵、冷战,但他们无疑都是经营爱情和婚姻的高手。他们深谙婚姻与爱情的互相尊重之道,融会贯通,了解对方的喜好与避讳,做好自己,从不刺探对方的底线。

她说,其实幸福是需要用心去经营的,这本来就是真心换真心的事情,彼此互相体谅,日子才能越过越好。

《圣经》中有一段对爱的诠释,很朴素,却揭示了爱的真谛:爱是恒久忍耐,又有恩慈;爱是不嫉妒,爱是不自夸，爱是不狂妄，不做害羞的事，不求自己的益处，不轻易发怒，不计算人的恶，不喜欢不义，只喜欢真理；凡事包容，凡事相信，凡事盼望，凡事忍耐；爱是永不止息……

我们都想得到这样的爱，可真正面对这样的一份爱时，我们又往往选择视而不见。如果遇到了，不妨好好珍惜吧！

理性看待婚姻与爱情的落差

爱的本质是包容。当两个完全陌生的人由认识到熟悉，再从相爱走向婚姻的时候，就注定了双方要做出一些牺牲。毕竟，婚姻不是花前月下卿卿我我的唯美浪漫，也不是莽撞少年的缠绵与誓言，而是烟火生活中的相濡以沫和相互体谅。

女孩和男孩在众人的祝福中走进婚姻的殿堂，可是婚后，女孩感到婚姻生活并不像她想象中的那样美好。两个

第五章
让爱情和婚姻变成你所希望的样子

人经常因为一点小事就会争吵起来,因此,她经常跑到娘家哭诉。

终于有一天,在她哭完之后,母亲叹了一口气,起身拿来一支笔和一张白纸,对她说:"这样吧,我这儿有一张白纸,一支笔,你丈夫有一个缺点,你就在纸上点一个点。"

女儿顺从地接过笔,开始在白纸上点了起来。她一边哭,一边想着丈夫的缺点,想到之后就狠狠地在白纸上点着。等她点完之后,把那张纸交给了母亲。母亲看了看,再一次把纸递给她,说:"孩子,这张纸上有什么?"女儿说:"黑点啊,这上面全是他的缺点。"

母亲又说:"你再看看,还有什么?"女儿瞪大眼睛重新审视了一番,说:"上面除了黑点就是白纸,也没有什么别的东西。"母亲笑了,语重心长地说:"对啊,白纸比黑点大得多了,你怎么只看到黑点呢?来,你再想一下他有什么优点。"女儿停止了哭泣,开始想起丈夫的好来。她想着想着,脸色慢慢舒缓开来,最后,她发现丈夫的优点还是比较多的。她恍然大悟,于是,就对母亲说:"妈妈,我知道了,谢谢您。"

对待朋友,我们常常能做到感恩与宽容,这是因为我们珍惜朋友之间的友谊,想让朋友知道他对我们来说很重要。夫妻因为已经是最亲密的一家人,彼此会把对方做的

没有等出来的美丽,只有拼出来的光芒

任何事情都看成是理所当然的,时间一久,自然会熟视无睹,甚至还会鸡蛋里面挑骨头。

有一对夫妻经常相互抱怨对方,丈夫认为自己每天工作非常辛苦,回家后什么都不想做;妻子认为自己每天有做不完的家务活儿,从早忙到晚,累得要命,丈夫一点儿也不体谅自己。于是他们决定互换角色,体验一下对方的生活。

第二天丈夫对公司宣布,自己因为有事,公司由妻子代管一段时间。妻子一大早到公司后,照常开例会。会议结束后,跟同事一起商议当天的工作安排,回到办公室又不停地接打电话,跟客户洽谈。

到了午饭时间,妻子顾不上出去吃饭,叫了外卖,一边吃一边工作。下午出去见客户,经过6个小时的磋商,项目还没有敲定,这时,已经是晚上7点,还要安排客户出去喝酒、唱歌……疲惫不堪的妻子回到家已经是凌晨两点了。

而丈夫在这一天里,早上6点半起来,准备早餐,叫孩子们洗脸刷牙,照顾他们吃早餐,然后开车送他们去学校,之后去超市采购。回到家后,他又要整理床铺、洗衣服、打扫房间。等干完这些,他开始面对家长群里的各种信息,老师要求孩子准备各种学习用品,而他连什么是习字帖都不知道,三角尺和几何尺都分不清楚,他只好去书店笨拙

第五章
让爱情和婚姻变成你所希望的样子

地问店员,等买全这些,也快到孩子放学的时间了。于是,他都没来得及喝口水,就冲到学校去接孩子们。到家后,他一边监督孩子们做功课,一边开始准备晚餐。吃完晚饭,他开始洗碗、收拾厨房,然后给孩子们洗澡,给他们讲故事,哄他们上床睡觉。直到晚上10点钟,他已经撑不住了,可是屋子还没收拾,孩子的脏衣服还没洗……

如果我们不能爱一个人的真实面目,而是爱上我们期待中那个完美的他(她)的话,我们会一直失望,而他(她)也会因为压力过大而沉默和崩溃。

结婚之前,两个人在相处时都会披上外衣,竭力表现出最好最美的一面;结婚之后,生活在同一个屋檐下,会暴露出最本质的问题。婚姻是一种缘分,需要珍惜,需要宽容。世界上没有十全十美的人,大多数人心里承载了太多对完美的期待,然而一份健康的情感,是不可能脱离现实而存在的。那些将爱人的一切都理想化的人,最终免不了对现实一再失望。

要想让自己的婚姻变得更加牢固,让家庭变得更加美满幸福,一定要用包容的心态去面对对方,用理性的思维去看待婚姻和爱情的落差,用宽广的胸怀去接纳和包容我们的爱人,才能解决双方的矛盾和冲突。

没有等出来的美丽，只有拼出来的光芒

与其羡慕别人，不如提升自己

子非鱼，安知鱼之乐？什么是人生真正的幸福？这个问题，一直是个哲学命题，因为对于每个人来说，答案都可能不同。

然而，对于大多数女人来说，她们的幸福源于家庭、健康和爱。拥有一个幸福美满的家庭，对于她们来说太重要了。

但是，你所看到的美丽的表象背后，并非一定是幸福和美满。说不定只是用鲜花装扮的一份不为人知的孤寂和冷清。

小李从小就聪明伶俐，小时候大人们总是预言："这些孩子们，咋看也就小李将来有出息！"正如他们所言，小李一路走来，凭着自己的要强和聪明，从重点高中，到名牌大学，毕业后直奔深圳，很快在那个城市有了自己的一

|第五章|
让爱情和婚姻变成你所希望的样子

席之地。几年的时间里,小李在那里购房买车,结婚生子,过着幸福的生活,一切看上去都一帆风顺。

同学聚会的时候,大家都羡慕她的风光和成功。

没想到,小李却叹了口气说:"我真羡慕那些生活在小城市的人们,他们看上去过得很平静,无风无浪,那是一种宁静的幸福。我是有了自己的车、房,老公也能干,孩子也乖巧,似乎一切都很如意,但我心理压力要比你们大得多。在大都市里,我总有一种孤军奋战的感觉。除了做好工作,还要应对各种人际关系和处理许多意想不到的麻烦;回到家里还要下得厨房。每天一睁开眼睛,压力就摆在面前,怕失业,怕周围纷扰而冷漠的人际关系……总之,那里的一切就好像一个大漩涡,我不停地运转着,已经头昏脑涨,却停不下来。有时候,我真想抛下那里的一切,和老公孩子一起回到乡下去,过那种宁静、纯朴、炊烟袅袅的生活,那才是真正的世外桃源般的生活。"

小李说这些话的时候,眼神中透露着无奈。受到小李的鼓舞,另一个同学小C也鼓起勇气,摘掉了"假面",向几个亲密的女生诉苦说:"其实,我也真的非常郁闷,我觉得我跟我老公之间已经没有爱情了。我们对彼此的身体已经不感兴趣。我们肯定是出了问题,有时候,我们甚至一星期都不说一句话。很多时候,都是他做他的

没有等出来的美丽，只有拼出来的光芒

事，我做我的事，就像是两个毫不相干的人住在同一个房间里。我们的关系奇妙又让人啼笑皆非，我们俩像一个合作社，唯一的联系就是共同抚养孩子。说实话，我心里非常不舒服。但更让我为难的是，每当他的单位或者我们双方的亲戚间有了什么事，非得我们出面时，我却又不自觉地穿上华丽的衣服，脸上装出幸福万分的样子，挽着他的胳膊出席各种场合。说实话，我都在心里骂自己，可我又下不了决心离婚。我郁闷透了，说不定哪一天，就会发疯的……"

所以说，眼睛看到的未必是真相，很多女人，往往只关注表象，羡慕这个，羡慕那个。有些人甚至会因他人的目光和议论而失落，与其羡慕别人，不如努力提升自己。

| 第五章 |
让爱情和婚姻变成你所希望的样子

情要有寸，爱更需有度

爱一个人，就想把自己能想到的一切都给对方。

可给得多了，对方常觉得承受不住。过度的爱，往往导致伤害和厌倦。长此以往，分离将是必然的结果。

一个女人很爱男人，为他放弃出国的机会，拒绝高富帅的追求。每天上班，她都要他挂着QQ，自己在公司里的大事小情总要第一时间告诉他。下班时，她会提前开车到他单位门口，两人一起吃晚饭，然后恋恋不舍地分别。谁都看得出，女人对男人爱得很深，可男人心里却有说不出的苦。

男人总对朋友说，不在一起时会想她，可在一起时却又很烦她。周末想去打球，她却缠着自己陪她逛街；下班后想跟哥们儿聚聚，她却非要跟着，不让抽烟、喝酒，特别扫兴。好几次，男人想提出分开一段时间，可话到嘴边

没有等出来的美丽，只有拼出来的光芒

又咽了下去。他知道女人对自己是真心的，也怕自己错过了眼前人。可她的爱，实在太沉重了。

两人虽然还在一起，可明显跟过去不太一样。他变得沉默寡言，冷冷淡淡。她问什么，他只是轻声应和，毫无表情。可一听女人说要出差几天，他却变得殷勤起来。女人怀疑，他爱上了别人。她没有吵闹，而是转身去找了他们最好的朋友。她知道，如果有什么事，他一定知道。

朋友笑她太多疑。他之所以高兴，是觉得"自由"了。

"爱情需要留白，他有自己的交际圈，有自己的'地盘'。你把索要爱情的触角伸向了不该伸的地盘时，他只会觉得你不可理喻！"

她似懂非懂。

朋友问："你听过两只刺猬的故事吗？"

她摇摇头："没有。"

"一对刺猬在冬季恋爱了，为了取暖，它们紧紧相拥。可每一次拥抱，它们都把对方扎得很疼，鲜血直流。但即便如此，它们仍不愿分开。最后，它们几乎流尽了身上所有的血，奄奄一息。

"临死前，它们发誓：'若有下辈子，一定要做人，永远在一起。'

"上天被它们的爱感动了，决定成全它们。来生，它们转世做了人并永远在一起了。它们每天朝夕相处，形影不

120

第五章
让爱情和婚姻变成你所希望的样子

离,每时每刻都黏在一起,可它们一点都不幸福。因为,它们是连体人……"

听了朋友的话,她陷入了沉思。想想他以前过的生活:自由支配自己的时间,做自己喜欢做的事,不用事无巨细地向她汇报,偶尔喝点酒、抽点烟……现在,这些爱好似乎都被剥夺了,而自己却从未问过他想要什么。或许,她真的需要换一种方式去爱了。

爱情是甜蜜的,但它也有秉性,就如同仙人掌,明明无须太多水分,人们却出于"爱"而拼命浇灌,结果可想而知。想要呵护爱情,就必须掌握爱的秘诀——适当地保持距离。真正的爱是有弹性的,不是强行占有,也不是软弱依附。相爱的人给予对方的最好礼物是自由:两个自由人之间的爱,拥有张力,这种爱牢固而不板结、缠绵却不黏滞。没有缝隙的爱是可怕的、令人生畏的,当爱情失去了自由呼吸的空气,迟早会因窒息而"死亡"。

爱一个人如放风筝,在握住手中线的同时,记得给对方一点独立的空间!

| 第六章 |

让安全感帮你睡个好觉

没有等出来的美丽，只有拼出来的光芒

活在当下，让每个日子都看见欢喜

很多人经常担忧未来，因此总是缺乏安全感。但事实上很多事情是无解的，因此别把自己的思维逼进死角，自我折磨。

上天赋予人类一定分量的欢喜与哀愁，倘若不懂得化解坏情绪，就辜负了上天本来的美意。

活在当下，珍惜现有的生活并对生命心怀敬畏与感恩，是我们每个人应当学会和努力做到的。

对未来不做无谓的想象与担心，就会无忧；对过去不做无谓的思考与计较，就会无悔。能无忧无悔地活在当下，而不被一切由心所生的东西束缚，就是人生的最高境界了。

生命中没有过不去的事，只有跟自己过不去的人；人生的四季中，没有过不去的严冬，也没有盼不来的春天。

人生只有经历不幸，才会懂得珍惜生活。人生的过程不过是失与得，看淡了也就轻松了。陷在痛苦的泥潭里不

第六章
让安全感帮你睡个好觉

能自拔,只会与快乐无缘。告别痛苦的手得由你自己挥动,欣赏盛开玫瑰的捷径只有一条:坚决与过去分手,勇敢地面对未来。

美国有位老妇人,丈夫在她60岁时突然去世了。当她正沉浸在丧夫之痛中时,接二连三的打击更让她崩溃:首先,几个子女为遗产继承问题闹得不可开交,相互之间大打出手;接着,丈夫生前倾尽全力经营的公司宣布破产。为了还债,她不得不卖掉了房子和家中所有值钱的东西。整天郁郁寡欢的她,不停地在心中念叨:"我已60岁了,我已60岁了!"

谁都知道,她是在为自己的未来担心。

她想找一份工作,但当这个念头冒出来时,她自己都震惊了——谁会雇用一个老妇人呢?即便有人愿意,一个60岁的老妇人能干什么呢?谁又能相信自己并提供工作机会呢?

她担心别人嫌自己老,担心别人嫌自己动作迟缓,担心自己无法承受别人要求的工作强度……这一系列的担心让她更加怀念丈夫在世的岁月。由怀念而生的悲痛,又使她重陷丧夫的阴影中无法自拔。久而久之,贫穷、寂寞、疾病等全部都被她请进了门。

她不得不住进医院。医生了解到她的情况后说:"你的病情太严重了,需长期住院治疗。但你又没钱……不如,

没有等出来的美丽，只有拼出来的光芒

从现在开始，你在本院做零工，以赚取医疗费用。"

她问道："我能做什么呢？"

医生说："每天打扫病人的房间！"

于是，她手握扫帚，不停地忙碌着。慢慢地，她的内心恢复了平静，疾病也渐渐消失了。

当医院让她"出院"时，她恳切地说服院方让自己留下，就这样她继续在保洁员岗位上做了三年。

由于经常接触病人，她对病人的心理了如指掌。三年后，她被院方聘为心理咨询师。

72岁那年，她已掌握了这家医院51%的股份。她办公室的墙上有这么一句话："昨天的痛，已经承受过了，有必要反复去兑现吗？明天的痛，尚未到来，有必要提前结算吗？只要肯用行动充实生命中的每一个'今天'，勇敢向前，机会就在柳暗花明间。"

不要把忧虑和计划混为一谈，计划与忧虑，最大的区别在于前者是合乎逻辑的、理性的；后者则是不合逻辑、非理性的。总为明天忧虑的人，看似目光长远，其实是目光短浅。与其对并未发生的未来忧心忡忡，不如过好当下，享受幸福。

人生不如意之事十之八九，未来无法预测，把握今天才是正确的选择。

|第六章|
让安全感帮你睡个好觉

不是世事太纷扰，而是你内心不够强大

如果一个人的内心不够强大，其人生也就无法变得强大。

内心强大的人有自己的主见，不会轻易被外界影响。不论身边发生什么样的事，经历多么大的变化，他们都不会心猿意马，而是心无旁骛——这是一种难得的心理状态。

女人一生都在追寻幸福，而在追寻幸福的过程中，无论处于人生的哪一阶段，都可能遇到波折和困扰。一旦遇到感情问题，很多女人就会变得懦弱，甚至溃不成军。可见，拥有一颗强大的内心，对女人来说相当重要。

陈萨的简历上，有太多的奖项：比如，16岁就站在世界舞台上，成为英国利兹国际钢琴比赛中唯一获奖的中国人。

自从1994年她获得中国国际钢琴比赛青少年组第一名后，各种奖项随即到来。

1996年，陈萨作为最年轻的获奖者获得英国利兹国际钢琴比赛第四名，这标志着她的国际演奏生涯正式开始。随

没有等出来的美丽，只有拼出来的光芒

后，她又获得了2000年杜德利千禧年比赛的第二名；

2000年10月，陈萨获得了波兰第十四届肖邦国际钢琴大赛的第四名，同时还获得波兰舞曲特别演奏奖。

2000年至2001年，在日本各地举办了20多场音乐会的陈萨，被列入在东京举办的著名的"二十世纪百位伟大的钢琴家"系列之中。她也成为《留声机》杂志（中文版）创刊号的封面焦点人物。

在第十二届范·克莱本国际钢琴比赛中，陈萨获得水晶大奖，不仅确立了陈萨当今世界杰出钢琴家的地位，同时也使她成为历史上唯一在三大顶尖钢琴比赛中均获奖的钢琴家。

如今，被伦敦古典调频主持人称为"同辈中最耀眼的演奏家之一"的陈萨在欧洲、中国、日本、美国和波兰等世界各地都受到热烈欢迎。

陈萨的父亲在她12岁时就去世了。她说，父亲是支撑她坚持自己道路的真正因素。她最大的愿望，是让父亲为她而自豪。

刚到英国时，因语言不过关，陈萨几乎一年都没有同外界交流，但她从未对家里诉过苦。在参加波兰第十四届肖邦国际钢琴比赛时，妈妈本来要来，但被她拒绝了——不仅是怕妈妈太辛苦，陈萨认为有些事情需要自己面对。

面对媒体的采访，陈萨曾回忆起那段日子："我一直都是在爱的氛围中长大的，身边永远都有支持我的人。可

|第六章|
让安全感帮你睡个好觉

当我参加那次比赛时,尤其是进行了3个星期的比赛后,我真有些支撑不住了。第一次感到孤独,希望妈妈能在身边。比赛后我给妈妈打电话,本来只想告诉她一切顺利,但我却忍不住哭了。"

作为与郎朗、李云迪并列为中国钢琴时代领军人物的陈萨,相对郎朗如玩家自我陶醉却又光彩炫目的台风和李云迪温文儒雅诗人般的演奏气质,陈萨的音乐更清澈透明,指尖流露出坚定和果敢,技术精妙一如水般无痕,能将激情和感动融于平和自然中,令听者如痴如醉,心潮澎湃。

生活是一座熔炉,而真金是不怕火炼的。女人只有把内心炼得像钻石般坚硬,才经得起困难打磨;同时,更要让自己像流水一样轻柔,才能抵挡世俗的浸淫。

真正强大的内心,是女人最有力的防护。现实世界中,不存在永恒。真正的安全感是自己给自己的。

莱妮·里芬斯塔尔出生于德国一个商人家庭,作为导演、演员和摄影师的她却历经坎坷。

第二次世界大战时期,莱妮·里芬斯塔尔被当时的纳粹头目"钦点"为战争专用宣传工具。后德国战败,她受牵连入狱4年。刑满后,莱妮·里芬斯塔尔想重回自己熟悉的演艺圈,可由于历史污点,主流媒体对她敬而远之。

没有等出来的美丽,只有拼出来的光芒

1956年,莱妮·里芬斯塔尔做了一个谁也想不到的决定:只身深入非洲原始部落,采写、拍摄独家新闻。之后,62岁的里芬斯塔尔克服重重困难,开始拍摄大量努巴人生活的影集,而这些照片一举奠定了莱妮·里芬斯塔尔在国内摄影界的地位。

事业的成功也为她带来了爱情。一位30岁的小伙子被她的精神和经历吸引,开始苦苦追求她,后因与她是同行,共同的兴趣爱好令他们超越了年龄隔阂,抛开外界舆论走到了一起。接下来近半个世纪的时光里,他们一起出入战火和内外交困的非洲部落,深入大西洋海底世界探险,书写了一段浪漫美丽的爱情。

曾经,她为使自己的拍摄才华与神秘的海底世界融为一体,71岁高龄学潜水。付出总有回报:她以一部时长45分钟的精美短片《水下印象》,创下了纪录电影的里程碑。

真正强大的女人,温和从容,淡定如菊,笑靥如花。她们用微笑从容回应生活的磨难,用柔弱的双肩毅然扛起沉重的悲伤。"任尔狂风骤雨,我自闲庭信步"——活出这般风采,令人动容!

|第六章|
让安全感帮你睡个好觉

患得患失的人，永远无法快乐

很多时候，快不快乐，完全是由自己的想法决定的。

人生有太多不确定因素，任何人都可能会被突如其来的变化扰乱心情。许多时候，不是周围的事物打扰了你的快乐，而是在纷乱的事物中，你丢失了一份快乐的心情。

帕瓦罗蒂还是一个名不见经传的歌者时，一年初夏，他受邀来到法国里昂参加一个对他来说很重要的演唱会。晚上，他在歌剧院附近找了一个小旅馆住下了。他很累，明天还有很多事，就匆匆睡下了，没想到，他刚睡下没多久，就被隔壁房间传来的婴儿啼哭声吵醒了，而且，那孩子好像有点不舒服，竟一直啼哭不止。无奈之下，帕瓦罗蒂索性就把孩子的哭声当作歌声来欣赏，渐渐地，他竟佩服起那个孩子来，因为想到自己唱歌唱一个小时，嗓子就沙哑了，而这孩子的声音却依然洪亮。

没有等出来的美丽，只有拼出来的光芒

如此一想，帕瓦罗蒂立刻兴奋了起来。他细心地倾听起来，很快就有了不同寻常的发现：孩子哭到声音快破的临界点时，会把声音拉回来，这样声音就不会破裂，这是因为孩子是用丹田发音而不是用喉咙。帕瓦罗蒂也开始学着用丹田发音，试着唱到最高点，永远像第一声那样洪亮。第二天演唱会上，他那饱满洪亮的声音征服了所有观众。

其实，快乐就像一颗种子，你允许它在心里生根发芽，它就会变成蒲公英，撒满你的整座心房；又像天上的风筝，线在你手中，拉一拉它就会回来。只要学会感受和享受生活中每一处细微的美好，即可活得轻松、洒脱。

一个妇人来到邮局，她向报务员要了一张电报纸，写完后扔了。接着，她又要了一张，写完后又扔了。当第三张写好后，她递给报务员，并嘱咐报务员尽快发出。妇人走后，报务员拾起前两份被扔掉的电报纸。

第一张上写着："一切都结束了，再也不想见到你。"

第二张上写着："别再打电话，休想再见到我。"

第三张的内容是："乘最近的一班火车速来，我等你！"

有一副对联是这样的：得失失得，何必患得患失；舍得得舍，不妨不舍不得。虽字数寥寥，却蕴含人生哲理，

第六章
让安全感帮你睡个好觉

耐人寻味。得失两字,看似简单,悟透却也不易。生活中往往有些人,做事前反复考虑,做完后又放心不下,对方方面面都尽量考虑周到,如有不妥,就担心把事办砸,极其注重个人的得失。如此患得患失,只能让自己得不偿失。

有个女人出身富贵,衣食无忧,家庭和睦,朋友们都羡慕她。她却终日唉声叹气,闷闷不乐,很不幸福。天使看她可怜,又觉得很奇怪,决定帮帮她。

天使问:"你为什么这么不快乐?有什么心愿?说出来或许我能帮你。"

女人悲伤地说:"听说世界上有三颗罕见的宝石,海洋之心、天使之泪和非洲之星,我一直很想要,但始终没得到,所以我不快乐,你能帮我吗?"

天使听后,笑道:"三颗宝石,我给你就是了。"

于是,天使把这三颗宝石给了女人,希望她能从此快乐起来。

半年后,天使又遇见了她。本以为她会很快乐,可看上去她比过去更郁郁寡欢了。天使很奇怪,问:"你想要的三颗宝石我都已给你了,你怎么还不快乐?"

女人几乎要哭出来了,说:"您不知道我有多烦恼。"

见天使不解,女人继续说:"刚开始我很高兴,很喜欢,每天都拿出来欣赏,觉得世界如此美好。但没过多久

没有等出来的美丽,只有拼出来的光芒

我就每天担心这样美的宝石会被人偷走,我……整天都提心吊胆,没有一刻不为此担心,放在哪里都觉得不安全,我比以前更加不快乐了。"

天使听了无奈地说:"得不到的时候害怕不能得到,得到之后又担心失去。你这样患得患失,谁也没办法让你快乐。快乐其实是一种心情,欲壑终难填,一味追名逐利,是难以拥有幸福的。珍惜现在拥有的,这样才能真正感受到幸福和快乐。"

患得患失的人,永远无法快乐:没得到时每天无限憧憬,得到了却又每天担忧害怕,不懂得享受追求和拥有的喜悦。不懂适度,追求太多。不妨试着把心中的欲望看淡些,学会知足常乐。

第六章
让安全感帮你睡个好觉

幸福不是一种状态,而是一种心态

富兰克林曾经说过:"幸福不在万物之中,它存在于看待万物的自身心态之中。如果接受幸福的态度不正确,即使置身于幸福的环境中,也会离幸福越来越遥远。"

盛夏季节,很多地方都会暴发洪水,某地尤甚。有一天,洪水暴发,高涨的洪水紧贴着独木桥,桥面上不时溅起层层浪花,惹人心慌。有几个好心人在桥的上方连了一条绳索,空悬着。这时候,有四个人来到了岸边,其中有两个人是身体健全的,另外两个呢,一个眼睛看不见,一个听不见也不会说话。

最先过桥的是聋哑人,他摇摇晃晃地走到了对岸。那个盲人被一个健康的人引导着,两人一步一步也安全地到了对岸。而另一个健康人,每个人都觉得他没有问题,可是他却没有一点儿信心,面对汹涌的河水,踏上了独木桥,

没有等出来的美丽，只有拼出来的光芒

结果，他走到一半就跌入了水中。

事后，聋哑人通过手势表达了自己能过河的原因："我听不到河水的声音，不管是不是汹涌澎湃，我都听不见。而听不见会让我减少很多顾虑，只要不走偏，就一定能走到对岸。"

盲人紧跟着说："我呢，看不见河水，不管深浅，我只要跟着前面的人走，只要不走错路，就能安全抵达对岸。"

而那个活着的健康人感慨道："因为要引导一个人，所以我必须看清脚下的路，走好每一步，我当时只想着安全地让自己和身后的人过桥。"

保持积极、美好、勇敢的心态，是成功的一个基础，有了良好的心态就没有什么能够打垮自己。相反，如果是消极、退缩的心态，则会一事无成，注定以败局收场。

一个小镇上有一位老奶奶，她在去镇上的必经之路卖水卖了40多年。

有一天，一个年轻人凑巧路过，就问："老奶奶，请问您是住在这个镇上的吗？"老奶奶听了，慢慢抬起头，看了一眼年轻人，说："对呀，年轻人，我已经在这里住了40多年了。"

年轻人接着问："那么，您肯定特别了解这里吧？我

|第六章|
让安全感帮你睡个好觉

之后想要搬到这里,我想问您,您觉得这是一个什么样的城镇?"

老奶奶愣了一会儿,反问年轻人:"年轻人,你以前住在哪里?你原来的城市是怎么样的?"

年轻人愁眉苦脸地说:"特别不好,那里的人表面上都特别好,可是背地里却钩心斗角,互相利用。"

老奶奶听了,淡淡地说:"这样啊,我们镇上的人比你们那儿的人更坏。"年轻人听了之后,很快就离开了。

后来有一天,镇上又来了一位年轻人,也来到了老奶奶的面前,问了同样的问题:"老奶奶,请问您是住在这个镇上的吗?"

老奶奶也像上次一样,看了年轻人一眼,说:"对呀,年轻人,我已经在这里住了40多年了。"

这个年轻人也问了一样的问题:"我想问您,您觉得这是一个什么样的城镇?"

老奶奶没有回答,又反问道:"年轻人,你以前住在哪里?你原来的城市是怎么样的?"

年轻人略带可惜地说:"我们那儿可好了,每个人都很好。不管是谁有了困难,大家都会主动帮忙。如果不是工作上的调动,我是不会离开那儿的。"

老奶奶会心一笑,温柔地说:"年轻人,你放心,我们这里的每个人都像你原来住的地方那儿的人一样,很乐于帮助他人。"

每个人都希望拥有幸福,但幸福其实没有固定的衡量标准。幸福不幸福,最关键的在于拥有什么样的心态:自己认为自己幸福,那就是幸福;自己认为自己不幸,那就是不幸的。

不幸福的根源在于内心,有时候不妨换个角度,去尝试追寻真正的幸福。

乐观的人总会有好运气

人生是一场旅行,但只有前行,没有返程。在这场旅行中,每个人都会遇到波折和坎坷,没有人会一帆风顺。在这趟旅程中,只有学会成长,独立面对未来,积极乐观地走下去,才不枉费这短暂的一生和独好的风景。

第六章
让安全感帮你睡个好觉

小兰的爸爸是镇上有名的建筑技术工人,妈妈呢,是一个特别厉害的裁缝,这两门不错的手艺为家庭带来了很不错的收入。而小兰不仅人长得好看,还特别聪明,学习成绩也特别好。

只是,好日子并不长久。16岁那年,小兰在读高中时,她的爸爸在一次建筑意外中摔断了双腿,差点失去生命,后来得救了,但失去了劳动能力,从此卧床不起;而她的妈妈因为伤心过度,哭伤了眼睛,虽然没有瞎,但视力受到了影响,不能再做裁缝了。这个幸福的小家庭被突如其来的灾难击垮了。爸爸的药费使得生活日渐拮据,妈妈失去了日常的收入,她的学费更是捉襟见肘,尽管偶尔会有亲友救济,但毕竟不是长久之计。

面对家中的困境,小兰留下一封信,不辞而别。

悄然辞别父母的她,只身从农村来到一个大城市,想找一份工作——最起码能养活自己并且接济父母。不过,当时她高中还没有读完,只有初中文化,而且身子看上去很虚弱的样子,很多单位都不愿意录用她。后来,她去了一家保洁公司,因为公司的业务扩张,所以就录用了她。保洁公司的主营业务是承接商场、写字楼以及饭店餐厅的整体保洁,小兰负责收集垃圾,待遇是每月工资1600元,公司管食宿。

小兰的工作又脏又累工资又低。不过,小兰心态很

没有等出来的美丽，只有拼出来的光芒

好，她相信自己不会永远待在这里，也不会永远只拿这么少的工资。

就是依靠这样的心态，小兰一直在这家保洁公司里工作。身边的同事走了一波又一波，她始终坚持着，默默地守着自己的岗位，这一干就是五年。在这五年的时间里，她认真、卖力、负责，赢得了不错的口碑，甚至和很多公司的主管成了朋友。

当然，这五年里，也有不少人认为小兰没有多大的志向，每个月拿这么点薪水，还对雇主感恩戴德的，其实只要换个工作，不仅工资更高，而且会有更好的发展。只是，他们没有想到的是，小兰在这五年简单的工作中，积累了很多人脉，并且已经对自己的未来做好了规划。

有一天，小兰从收垃圾的队伍中消失了。同时，一家同城快递公司开业了，而老板就是收了五年垃圾的她。尽管同城快递在这座城市开了很多家，竞争异常激烈，但她的公司很快在这里站稳了脚跟。为什么呢？因为在收垃圾的五年间，她走遍了每一座写字楼，每一家宾馆，每一个商场，因此结识了很多人。而她本身认真、积极、乐观的态度给那些主管留下了深刻的印象，于是纷纷选择把物品和文件交给她投递。而她也从一辆小电动车起步，到后来逐渐成为拥有二十几辆车、数百名员工的公司老总。

|第六章|
让安全感帮你睡个好觉

生活就像一场考试,遇到的困难和坎坷就像那些艰涩的考题,也许我们在做题的过程中会产生时运不济的挫败感,因此丧失信心,变得消极颓废。但请你相信,如果你用乐观的心态去做完那些题目,你会发现命运不知不觉中就送了你一份不一样的好运!

原谅别人,也就是原谅自己

有一位智者每年都会详细地记录下自己在这一年犯下的所有错误,以及自己在这一年中遭遇到的所有不幸。等到该年的末尾,他就会把这两份账单拿出来看一看,看看自己犯了哪些错误,又看看自己遭受到了什么样的惩罚,而后真诚地恳求:"老天爷,这一年,我犯了这么多错误,但我也遭受到了不幸的惩罚。我决定原谅您对我的惩罚,与此同时,我希望您也能原谅我。"

这则故事告诉我们:在期待别人能够原谅自己时,请先

没有等出来的美丽，只有拼出来的光芒

做到真正原谅别人。换句话说，原谅别人，也就是原谅自己。

生活就像一本书，只有自己去翻阅，才能真正读懂。在生活中，每个人都会遇到很多无法预料的挫折和磨难，而克服挫折和困难的关键在于，我们是否能够像大海一样拥有宽广的胸怀。

很多时候，怀揣着一颗善良的心，不计较他人的不足与过失，生活就会顺遂平安。

报社的老员工小曼姐，在同事的眼中，是一个非常幸福的人：她的老公十分疼爱她；有一个女儿，很听话很乖巧，也很惹人喜欢；她的家境也很好。每次报社有团建活动时，小曼姐总是一家三口都来，惹得大家非常羡慕。

不过，在小曼姐结婚的第十年，她的老公因为一场车祸不幸离开了人世，一瞬间，她的世界就好像变了一个样子。小曼姐因为老公离去而伤心欲绝，在病床上整整躺了3个月，茶饭不思，每天靠着输液才能维持生命，而女儿还小，公公婆婆已经老了，家庭的重担一下子全都压在了小曼姐的身上。

为了让女儿拥有美好的未来，小曼姐振作精神，离开了报社，说是要去广州打工。不过，没过几个月，由于女儿整天在电话里哭着闹着要妈妈，小曼姐不忍心，就又回到了报社，却从编辑部转到了业务部，希望多赚点钱。这

第六章
让安全感帮你睡个好觉

时候,小曼姐的公公婆婆突然拿走了家中的全部财产:房产证、结婚时的金银首饰、丈夫的工资卡……小曼姐没有去闹,心想着,反正老公已经不在了,那些身外之物就不必在意了。

有了良好的心态,小曼姐每天上班时努力工作,下班后照顾女儿。然而,祸不单行,公公突发脑出血住院了,小曼姐四处借钱给公公看病,自己也省吃俭用。后来,公公的情况有了好转,医生建议他出院回家休养,婆婆哭着把之前拿走的财产都还给了小曼姐,说:"对不起,之前以为你要扔下我们走了呢。"

小曼姐笑了笑,说:"没事的,照顾您和公公是应该的。放心吧,我不会走的,我会把您和公公当成是我的亲生父母来侍奉的。"

在生活中,我们会遇到很多爱较真儿的人,只要有人惹到了他,或者牵扯到了他的利益,他就会变成一个"斗士",处处与人斤斤计较,把自己变成一个满腹牢骚的人,久而久之,面孔更加冷漠,自私的心更加自私。无论是在社会当中,还是在家庭当中,造成这种情况的原因都是人与人之间缺乏沟通。及时沟通,双方之间就会多一些理解,多一些宽容。

宽容,指的是容忍他人的行为,如果他人犯了错,也要学会原谅。要知道，人心都是肉长的，当我们以大海般宽广的心胸原谅了他人，或者在尴尬的时候及时给了他人一个"台阶"，那么你的真诚与热情一定会被他人感知，他人也会对你感恩。

谁能保证自己在匆匆岁月中没有犯过错呢？谁从未在生活中遭遇过灾难呢？因此，做一位智者吧，每年都记录下自己犯过的错、遭遇的苦难，而后选择积极地原谅别人，同时也原谅自己。如此，我们的心灵才有可能变得轻松。

放下不必要的忙碌，让心灵放个假

当下社会生活节奏变得越来越快，竞争也越来越激烈，为了赢得一席之地，每个人都变得压抑，失去了自己的时间和空间。

时时刻刻忙碌的假象，掩盖了我们害怕寂寞、害怕无

|第六章|
让安全感帮你睡个好觉

聊的事实,因此,我们失去了独立思考的时间,也无法享受到清闲的趣味。

爱琳·詹姆斯是一位倡导简单生活的专家。在此之前,她是一个作家、投资人和地产投资顾问,她在努力奋斗了十几年后,有一天,她坐在自己的办公桌前,呆呆地望着写满密密麻麻事宜的日程安排表。突然,她意识到自己再也无法忍受下去了。自己的生活已经变得太复杂了,这么多乱七八糟的东西塞满了自己清醒时的每一分钟,这简直就是一种疯狂愚蠢的生活。就在这时,她做出了一个决定:"她要摒弃那些无谓的忙碌,多给自己的心灵一点时间。"

于是,她开始着手列出一个清单,把需要从她的生活中删除的事情都罗列出来。然后,她采取了一系列"大胆"的行动。她取消了所有的电话预约,停止了预订的杂志,并把堆积在桌子上的所有读过和没读过的杂志全部清除掉。她注销了一些信用卡,以减少每个月收到的账单函件。通过改变日常生活和工作习惯,她的房间和庭院的草坪变得更加整洁。她的清单总共包括80多项内容。

爱琳·詹姆斯说:"我们的生活已经变得太复杂了,从来没有一个时代的人像我们今天这个时代拥有如此多的东西。这些年来,我们一直被诱导着,使得我们误认为自己能够拥有一切东西,我们已经使得自己对尝试新东西都感到厌倦了。许多人认为，所有这些东西让我们沉溺其中并且心烦意乱，因为它们已经使我们失去了创造力。"

受到生活习惯的影响，人的一天当中，有多少活动是我们勉强自己不得不去做的？我们经常会因为追求安适的生活习惯，从而在琐碎的日常生活中陷入浪费时间和精力的陷阱。实际上，扔掉那些程序化的活动，并不会让你不快乐。

我们通常会给自己的生活增加一些额外且不必要的工作，很多人每天都会有一张日程表，上面满满地记载着我们必须做的事情。这张表牢牢地禁锢住我们的注意力，从而霸占了我们全部的生活。可是，等到我们好不容易完成了日程表上的事，难得有了放松的时间，却又被电视剧、游戏等娱乐活动淹没……表面上，我们把自己塑造成了一个积极向上、积极进取的人，但实际上我们是为了忙碌而忙碌，把自己忙得团团转，从而让人生承担了不必要的负重。这是一种错误的心态。

正在忙碌的人，清醒清醒吧。仔细分析分析，你会发现有必要放下生命当中的一些东西。扔掉那些占用大量时间和精力的多余的东西，不要迷失方向，当我们把精力放在我们应该做的事情上，就会发现我们能够走得更远更好。

第六章
让安全感帮你睡个好觉

伟大的哲学家尼采曾经说:"所有伟大的思想都是在散步中产生的。"生活中一些不起眼的行为就能让你感到轻松舒适,散步就是其中最简单也最廉价的一种。

遇到烦心事,思绪混乱;面对工作的重压,感觉自己无力克服,这时候不妨给自己创造一个安静的空间,独自冷静,或者去附近安静的公园逛一逛,看一看风景,又或者什么也不想,就随意地走走。这时候,你的心情会发生变化,你会突然发现,原来天是那么蓝,云是那么白,这个世界是那么美丽。

还有野炊野营、DIY手工艺、锻炼身体、做做运动、种种花草,甚至读书、画画、写文章……这些活动看似简单,却十分有趣,都能够让人感觉到快乐。所以,在空余时间,不如试着列一个表,把自己觉得好玩的娱乐项目都写下来,试着做一做。

放下那些无谓的忙碌吧,给自己的心放一个假。

没有等出来的美丽，只有拼出来的光芒

揭掉爱情贴在你人生里的标签

就算没有爱情，我们也要让自己变得理智和成熟；就算没有爱情，我们也要让自己幸福；就算没有爱情，我们也能享受自由的快乐，亲情和友情的温暖；就算没有爱情，人生经历也值得珍惜。的确，爱情很重要，但懂得爱更重要。你爱你自己，那么那个爱你的人终究会来到你的身边。

之前，电视剧《我的前半生》热播，我去找了亦舒的原著，仔细啃读。

作者在《我的前半生》里，写了一个叫子君的女人，她大学毕业后就嫁给自己的丈夫，生了小孩，后来，丈夫有了外遇，想要离婚。子君回头看看自己这些年的婚姻生活，除了消遣、娱乐、带孩子，她什么也没做，没有工作，没有经历。

韶华逝去，爱人背叛，一切终究要怎么收场呢？挽回吗？可是丈夫已经下定决心要离婚了，摆在面前的路，只

第六章
让安全感帮你睡个好觉

有自己站起来,重新开始生活。这就像涅槃重生,必然有痛苦的过程,子君要离开舒适的圈子,打破原有的习惯,融入新的环境。但在一番挣扎过后,她终于绽放美丽,在残酷的现实里赢得了自己的一方天地。

再次与前夫在街头相遇时,子君已经焕然一新。意气风发的她,没有浓妆艳服,却从头到脚,处处都散发着优雅自然的神态。没有了当初的伤心感怀,也没有了离别时的凄凄切切,子君勇敢地抬着头,走自己的路。她洒脱的背影,让前夫有了留恋,他突然觉得自己当初做错了选择。

在很多人的眼里,爱情是人生中很重要的东西。为了爱情,可以放弃自己的事业,放弃自己的友情,放弃自己的亲情,甚至放弃自己的生命。现实如此,历史也如此:顺治皇帝在爱妃去世后,看破红尘,出家为僧;罗马尼亚国王卡罗尔二世为了爱情,曾经两次放弃王位,带着心爱的人流亡国外……

天哪,爱情的力量多么强大啊。可是为什么哲学家弗朗西斯·培根会说"过度的爱情追求必然会降低人本身的价值"呢?真正伟大的人物,没有一个是因为爱情而发狂的人,因为伟大的事业抑制了这种软弱的感情。

紫杉长得漂亮,人也聪明,性格温柔,学习成绩也很

没有等出来的美丽，只有拼出来的光芒

好，老师、家长和同学都称她是乖乖女。大学校园里处处都是恋爱的气息。紫杉的父母在入学前告诫她不要谈恋爱，学习比较重要，她觉得父母说得有道理，所以就把所有的心思都放在学习上了。虽然不像别的女生甜甜蜜蜜，但紫杉也过得很充实很开心，每学期都能拿一等奖学金，每年都被评为优秀大学生。

大学毕业后，紫杉进了一家外企。刚进公司没多久，小林就被紫杉美丽、青春的外表吸引住了，对紫杉展开了猛烈的追求。紫杉从来没有谈过恋爱，而小林可以算得上是情场高手，惯用甜言蜜语、温柔体贴的伎俩，没过多久，两个人就开始交往了。但爱情的甜蜜期还没过，小林就厌倦了紫杉，觉得她不成熟。因为才交往不到3个月，紫杉就要求小林去见自己的家长，还经常提到结婚生小孩之类的话题。小林觉得自己还年轻，还没有玩儿够，不能被一个女人套一辈子，于是就提出了分手。

听到小林提出分手，紫杉觉得五雷轰顶。她在这段时间里几乎把自己和自己的未来都寄托到了小林身上，全心全意地付出，结果小林提出了分手，紫杉瞬间就病倒了。紫杉意志消沉，工作也已经辞掉，因为一看到小林她就难过，一提起这段感情就泪流满面。她整天把自己锁在房间里，茶饭不思，别人劝了很多次都没有用，那段时间，一米七的她瘦到了70多斤。

第六章
让安全感帮你睡个好觉

日子过了很久，终于有一天，紫杉醒悟了，为了一个不负责任的人，为了一段不美好的感情，如此折磨自己，又是何苦呢？于是，她开始吃饭，开始重新制作简历，开始到处找工作，而后把自己的精力投入工作当中，没过多久就有了小小的成就。

工作之外的日子，紫杉下班后会去健身房，也会约朋友聊聊天，周末的时候会和同事去逛街，假期的时候就陪陪父母，或者自己出去旅游，到处看看，放松放松心情。渐渐地，紫杉发现，即使没有爱情，日子也很快乐，也很幸福，单身的生活没有什么不好。自信回来了，久违的轻松和自在也回来了。而爱情，当缘分到了，那个合适的人也一定会来到自己的身边。

幸运的人，的确可以早早地遇到那个和自己两情相悦、执手偕老的人，相互陪伴着度过一生，但并不是每个人都那么幸运。没有爱情的日子，我们依旧可以甜蜜，可以充满阳光，充满幸福，可以更自尊、自爱、自信，爱自己、爱亲人、爱朋友，帮助需要帮助的人，去想去的地方，见想见的人，这也是一种幸福的人生。

程安离了婚，原因是丈夫出轨。回想起刚离婚的那段日子，简直是不堪回首。她的生活好像是跌入了深渊，四

没有等出来的美丽,只有拼出来的光芒

处都是黑的,看不到一丝光明,毫无希望,她甚至想过要结束自己的生命,但当女儿喊出那一声"妈妈"时,她又燃起了生活的希望。于是,她离开了原先的城市,那本就不是她的故乡,当初是为了追随丈夫的脚步才留下的,如今自由了,她去了云南,那有她一直很向往的城市。

后来,程安在云南找到了一份工作,如鱼得水,不仅认识了很多和自己有着相似经历的女性,也学到了很多东西,那一刻,她知道了爱情只是一个点缀,生活是自己的。

鲁迅先生写的《伤逝》告诉我们,世间女子无论遇到什么样的情况,最重要的是独立。

独立,是指有独立的经济能力,有独立的思想,如此才能独立生存。无论单身或者已婚,甚至离异,都必须保持独立的个性,不要做依附于橡树的常春藤,要知道,橡树有倒下的一天,一旦倒了,我们将依附何处?我们要做的是一株木棉,挺拔而独立地与他人并肩而站,以自己的身躯抵挡风雨,共享阳光。

况且,爱情并不能为我们的人生贴上标签,"单身""已婚""离异"等都是人生当中的一些状态,无须在意。我们应该尽情地享受人生当中的每一段时光,撕掉那些所谓的标签,无论是自己贴的还是别人贴的,是否拥有爱情并不妨碍我们是否幸福。

第七章

立足不完美,
接纳真实的自己

没有等出来的美丽，只有拼出来的光芒

接受生活中的一切不美好

我们都知道，生活当中有很多的不完美和缺陷，而这些虽然有可能会让我们颓废，但在很大程度上会激发我们的斗志和潜能，让我们在困境中变得坚强、变得优秀。

2008年5月12日，四川汶川发生了地震，这场灾难就像一个恶魔，掠走了无数鲜活的生命。地动山摇，校舍坍塌，有一个小女孩未能幸免于难，她和她的同学们一起被埋在废墟之下。连续三个日夜，她几乎是眼睁睁地看着身边的同学一个个永远地闭上了眼睛。而她坚持着，尽管楼板死死地压着她的腿，最终她获救了，只是不得不截掉一条腿才保住了性命。

没人知道的是，对于这个热爱舞蹈的小女孩来说，失去了一条腿就等于一只鸟失去了可以飞翔的翅膀。而正如她在废墟之下的坚持一样，此刻的她坚定地说："我不会

|第七章|
立足不完美，接纳真实的自己

放弃舞蹈，因为那是我的梦想。"

距离灾难发生不过四个月，2008年9月6日，北京残奥会开幕式在国家体育场隆重举行。当法国作曲家拉威尔的《波莱罗舞曲》悠然响起时，无数观众看到一位坐着轮椅，手拿红色芭蕾舞鞋的小女孩出现在"鸟巢"的聚光灯下。她与"芭蕾王子"吕萌以及上百名聋哑演员一起深情、完美地演绎了《永不停跳的舞步》。那一刻，她向全世界展示了梦想的美丽、坚持的魅力。

故事里的小女孩，就是在汶川地震中失去左腿的"芭蕾女孩"——李月。

请尝试着原谅生活里的缺陷与不完美。只有这样，我们才能拥有一颗轻松、释然的内心，才会对生活充满希望，为赢得更美好的生活而继续努力。

没有谁的生活是完美的，就像天气不会永远都是晴天，我们会遇到乌云，有时甚至是电闪雷鸣，狂风暴雨。那么，如何面对这样的不完美呢？

某个初中班里转来了一个学生，她的右脸上有块青色胎记，就像《水浒传》里的"青面兽"杨志一样。走在路上，很多人都会朝她看；在班级里，同学都离她远远的，看她的眼光也很异样。渐渐地，她的头发越来越长，遮住

没有等出来的美丽,只有拼出来的光芒

了丑陋的胎记,而她也不再说话,上课时,老师也不会让她回答问题。

初三新学期开学时,班上来了一位新的英语老师,她长得很年轻很漂亮,不过走路好像有点别扭,感觉像是长短脚。

第一节英语课,英语老师点到了她的名字,全班人都吃了一惊。她本人也很抗拒,不过出于尊重,她还是站了起来,当然,头是低着的,而且一言不发。英语老师仿佛早就知道会出现这种情况,轻轻地说:"你放学后来办公室找我,同意的话就点点头,可以吗?"

女孩抬了抬头,有点诧异,但还是点了点头。

放学后,等同学们都离开了,她才往办公室走去。办公室里,只有英语老师一个人,她轻轻拉上窗帘,只轻轻地说了一句话:"我给你看一个秘密。"说着,英语老师拉起了右腿的裤子,然而袜子以上居然是一根银色钢柱!

女孩被吓了一跳,心中瞬间涌起一阵同情:为老师,也为自己。

英语老师放下裤子,笑了笑,说:"我12岁那年遭遇了车祸,醒来之后就发现自己没了右腿。你可以想象吗?你能体会一个原来能自由奔跑的人突然失去右腿后的痛苦吗?不过,后来我发现,好像除了无法自由奔跑

第七章
立足不完美，接纳真实的自己

外，我还可以做很多事情。再后来，我就装上了假肢，也能自由奔跑了，你看，我现在就可以站在自己喜欢的讲台上！"

女孩在那一个瞬间明白了老师想要对自己说的话。很多年后，女孩回来找英语老师，兴奋地告诉她自己已经实现了梦想——成了一名作家。

金无足赤，人无完人。瑕疵也是一种美，残缺也是一种美。因此，与其痛苦地被追求完美的欲望所牵累，不如放下心态，尝试接受不完美的存在，把不完美当成一种另类的幸福体验。

没有等出来的美丽,只有拼出来的光芒

别苛待自己,学会欣赏你的精彩

每个人都有自己的人生规划,但人生规划只有在理性的状态下,才可能发挥出最大的正能量。不过,说来容易,在生活中,总有人动不动就跟自己较劲,并为此痛苦不堪。

很多人都说张爱玲的性格内向到近乎孤僻的地步,甚至有点冷酷无情。的确,在看了她的作品后,你会发现她人生中的反面教材:在攻击自己的描述中,把自己伤得体无完肤。

《天才梦》中,张爱玲写道:"我是一个古怪的女孩,从小被视为天才……当童年的狂想逐渐褪色的时候,我发现我除了天才的梦之外一无所有——所有的只是天才的乖僻缺点。"

事实上,张爱玲指的乖僻缺点不过就是不会削苹果、

|第七章|
立足不完美，接纳真实的自己

经过长期努力学习后才会补袜子；不愿意与他人交往，甚至害怕去理发店，也怕见客、怕试衣的尴尬瞬间；曾尝试过学织毛线，可每次都以失败告终；在公寓住了两年多，不知道电铃在哪里；接连三个月天天坐黄包车到医院打针，可还是不认识路……

最后，张爱玲给自己写了结束语："总而言之，在现实的社会里，我等于一个废物。"那一句令后人惊叹的话——"生命是一袭华美的袍，爬满了蚤子"也由此诞生。"华美的袍上的蚤子"指的是什么？不过就是些生活中她无法胜任的小事罢了，比如煮饭、洗衣、走路、看人眼色过日子、梳妆瞬间研究自己的面部神态，等等。

通过《天才梦》，我们大概也能预见，张爱玲的后半生必定是不顺的：太过于攻击自己，太爱"风花雪月强作愁"。

每个人都是独一无二的个体，既有优点，又有不足。而在面对优缺点并存的情况时，我们只有充分接纳自我，懂得欣赏、包容自己，才能够自信地与人交往、出色地发挥自己的才能和潜力。

有一个女患者去找心理医生，说："我总是对自己不满意，有时想着想着，心情就会很烦躁。看到别人比我优秀，比我漂亮，我心里就觉得自卑。我一直在想，怎么做

没有等出来的美丽，只有拼出来的光芒

才能让自己完美一点？"

心理医生听完后，从身旁的桌子上端起一只茶杯，递给女患者，问："你看，这只茶杯和其他的茶杯有什么不一样？"

女患者拿在手里，看了一眼，说："这茶杯有缺口。"

心理医生点点头，说："可是除了那一点缺口，整个杯口不都是圆的吗？每个人都有缺陷，就如同茶杯上的缺口，如果你用一颗平常心接纳自己的缺点，不苛求、不勉强自己，就不会这么纠结了。"

女患者还是愁眉苦脸："我想过接纳自己，可是每次看到镜子里的自己，所有的信心都没了，只想冲自己发脾气。我很难让自己喜欢上现在臃肿的身材和粗糙的皮肤。"

心理医生淡淡地开口："我有一个朋友，她呢，是一位女雕刻师，长得非常漂亮，也很有才华。她坐着雕刻东西时，神情专注而优雅，连我看了，都会觉得她很迷人。不过，她每次完成工作，站起来后，都会让不熟悉她的人感到震惊——她走路居然一瘸一拐的，有残疾。有一次，我无意间对她感慨地说：'如果不是你的腿有残疾，你应该比现在更优秀。'说完后，我就觉得自己说错了话，不过她不生气，而是淡然一笑：'可我没觉得有什么遗憾。如果不是腿有残疾，我可能会花更多的时间去逛街、看电影，那就没办法专心学习雕刻了。所以，我感谢上天给了我这副残缺

|第七章|
立足不完美，接纳真实的自己

的身体。'"

女患者听得入了神，几度想开口，却不知该说什么。

心理医生看着她，继续说："接纳身上的缺陷，不是让你强硬地弥补它的空缺，而是希望你透过这份缺陷，看到人生的另一面。"

走出心理咨询室时，女患者的心平静了许多。

完全地接纳、尊重自己，意味着既要接受自己的优点，也要接受自己的缺点。

接纳自己，指的是以一种温暖、关爱、亲切、宽容和体贴的态度对待自己。只有这样，封闭的心才会逐渐敞开，变得有力，从而对生命充满信心和希望。

欣赏自己，则指在无人为我们鼓掌时，自己给自己一个鼓励、一些安慰，在自惭形秽时给自己多一份信心。

欣赏别人是一种尊重，被别人欣赏是一种承认，欣赏自己则是一种自信和本领。学会欣赏自己，实际上是在面对困难时保持乐观的心态，从困境中看到希望，避免陷入绝望的境地。

没有等出来的美丽,只有拼出来的光芒

上帝给你关上了一扇门,也同时打开了一扇窗

美丽的事物,有时候因为有了缺憾才真正变得更美,就像维纳斯的断臂、圆明园的残垣。

而那些看起来很可惜的缺憾,却让完美有了前进的方向。如果你是一株幼苗,别为自己的稚嫩而感到自卑,只要坚韧不拔,时间终会让你成为参天大树;如果你是一条小溪,也别为自己的渺小而感到难过,只要锲而不舍,时间终会让你拥抱大海。

有一个女生从小就"与众不同",因为患有先天性小儿麻痹症,她连正常的走路都无法做到。随着年龄的增长,看着同龄人到处奔跑,她越来越自卑,也越来越忧郁,甚至会拒绝他人靠近自己,除了邻居家的独臂老人。

毫不夸张地说,独臂老人是她唯一的伙伴。独臂老人在战争中失去了一只胳膊,但老人很乐观。她喜欢听老人

|第七章|
立足不完美，接纳真实的自己

讲故事。

有一天，独臂老人用轮椅推着她去附近一所幼儿园。下课时，操场上动听的歌声吸引了他们。一首歌唱完了，独臂老人激动地说："让我们一起为孩子们鼓掌吧！"

她吃惊地看着老人，问："你只有一只胳膊，要怎么鼓掌呢？"

老人笑了笑，用一只手解开衬衣扣子，用那只手拍起了胸膛……那还是初春时节，风中还有几分寒意，但她突然感觉到身体里涌起一股暖流。

老人继续说道："其实只要努力，找对方法，独掌一样可以鼓掌。所以啊，别自卑，不然你就永远都站不起来了。"

她深有感触，那一晚，她让父亲写了一张纸条贴到墙上："抛弃自卑，我可以重新站起来。"

从那天之后，她开始主动配合医生做运动。无论在做运动的过程中有多艰难、痛苦，她都咬牙坚持下来。甚至，有时候父母不在，她自己一个人会扔开支架，试着走路，她相信自己能像其他孩子一样行走、奔跑。

14岁那一年，她终于扔掉了支架。

现在的她已经成了一名出色的特教人员。

的确，自卑不可怕，可怕的是沉浸在自卑中，丧失追求成功的勇气。有了自卑心理就会过低地评价自己，挑剔

没有等出来的美丽，只有拼出来的光芒

自己，把自己限制在低于他人的处境当中，认为自己不配拥有世间美好的事物，甚至给自己设置一连串的"不可能"……

一个小镇上诞生了一个非常可爱的女婴，她呢，本应该和其他孩子一样，健康快乐地成长，只是命运捉弄，她遭遇了不幸：一岁半时，她因患病失去了听力和视力，随后又丧失了说话的能力。

于是，几乎从有记忆开始，女孩就生活在一个黑暗又寂寞的世界里，她很痛苦也很孤独。当她再长大一些，她敏感地发觉自己和其他孩子不一样，她变得很自卑，认为自己什么也做不了，一辈子都没有什么希望了。因为自卑，女孩的脾气也越来越坏，动不动就发火，成了一个十足的"小暴君"。

女孩的父母很是伤心，自己是无法教育了，只好把她送到盲人学校。这个决定从此改变了她的一生，因为她遇到了她的天使——安妮·莎莉文老师。

莎莉文老师也曾遭遇不幸。10岁那年，她与弟弟被送进了孤儿院。孤儿院里的环境很恶劣，姐弟俩只能住在放尸体的太平间里。这已经很不幸了，但厄运还在继续，弟弟因病在孤儿院去世。痛苦的阴影还没有过去，她的眼疾更加严重了，差点失明。幸运的是，她很坚强，不幸的遭

|第七章|
立足不完美，接纳真实的自己

遇并未让她变得自卑，反而让她更加充满信心和爱心，最后成了一名老师。

类似的身世使莎莉文老师对又盲又聋又哑的女孩格外关注，莎莉文产生了希望为她搭建起一座自信桥梁的想法。终于，通过长时间的努力，在莎莉文老师无私的帮助下，女孩走出了自卑的心理阴影，学会了说话和读书，还可以和其他人进行沟通。多年后，她不仅以优异的成绩从大学毕业，还掌握了英、法、德、拉丁、希腊5种文字。

时间在逝去，莎莉文老师一天天老去了，最后有一天，她安详地与世长辞了。朝夕相处了50多年的老师离开了人世，已经长大成人的女孩非常伤心，同时，她也下定决心要把老师给她的爱传递下去。

于是，她开始周游世界，为残障的人奔走，还把自己的经历写成了书，鼓励别人变得勇敢、自信。后来，她被授予美国平民最高荣誉——总统自由勋章，又被推选为"世界十大杰出妇女"之一。

提起她的名字，你一定不会陌生——海伦·凯勒。

《圣经》上说："上帝在关闭一扇门时，也同时打开了另一扇窗。"

人生在世，缺憾在所难免。面对缺憾，让我们换个角度，去发现它背后的美。

没有等出来的美丽，只有拼出来的光芒

将人生活得漂亮

女人可以生得不漂亮，但一定要活得漂亮。如何活得足够漂亮呢？渊博的知识、良好的修养、文明的举止、优雅的谈吐、博大的胸怀和一颗充满爱的心灵，都是很好的选项。活得漂亮，就是活出一种精神、一种品位、一份至真至性的精彩。

我常常佩服一些人，佩服他们身上常人难以企及的坚韧与毅力，比如盲人钢琴调律师陈燕。她是中国音乐家协会钢琴调律分会会员，除此之外，她考取了深水证，跆拳道晋升到黄带，会开卡丁车、滑旱冰、骑独轮车，还出了书。经过多年的拼搏，陈燕还开了自己的调律公司。在第13届残奥会的开幕式上，她登上了世界的舞台……

陈燕的经历让我很有感触，她出生在河北，有先天性白内障，跟着外婆在北京生活。一手抚养她长大的外婆想

|第七章|
立足不完美，接纳真实的自己

了许多办法开发她的听觉和触觉，可即便如此，由于视力上的残疾，小时候的陈燕被许多学校拒之门外。

有一天，伤心的陈燕问外婆："我以后会不会两眼无光，很难看？像很多盲人一样，穿破衣服，手拿破竹竿，摸摸索索地沿街乞讨？"

外婆安慰她说："不会的。就算眼睛失明了，一样可以活得好看。"

"怎么样才能活得好看？"

"哪天你活得不像盲人了，就好看了。"

"怎样才活得不像盲人？"

"做事时，手到哪儿眼就跟到哪儿。"

陈燕似懂非懂，但还是记下了外婆的话，决心像正常人一样生活。之后的日子里，无论切菜还是晾晒衣服，她总是手到哪儿，眼睛就跟着望向哪儿。

上天对每个人其实都是公平的，陈燕的视力不好，但听力特别敏感。俗话说，眼睛瞎不瞎，走几步就会露馅儿。可陈燕就不一样，她一个人出门，不用牵不用扶，红灯停，绿灯行，过斑马线比正常人还要利索。果然，周围人常常会忘记她是一个盲人。有人就问她有什么办法，她淡淡地笑："听呗！"

为了让自己活得更好看，陈燕并不满足现状，她争取自己在行动上能独立：学骑自行车，学跆拳道，学游泳，

没有等出来的美丽,只有拼出来的光芒

滑旱冰,开卡丁车……

行动上的独立是一部分,经济的独立是最大的勇敢。陈燕的丈夫郭长利也是盲人,两人是北京盲校的同学。据说,这段美满的婚姻还是陈燕主动争取来的,郭长利自己当时说:"陈燕,我无法给你幸福!"但陈燕却坚定地说:"我会让你幸福的。"听完陈燕的话,郭长利沉默了,于是,他们结婚了。

结婚那一天,陈燕在不足9平方米的小屋里,对郭长利说:"将来我们一定会住上大房子,很宽敞,在屋里随便走都不会撞到东西。"

后来,陈燕开了调律公司,虽然规模不大,但生意不错。多年拼搏,她终于筹到按揭的款,买了一套100多平方米的房子。住进新房子的那一天,她笑容满面地对郭长利说:"走,我们去照婚纱照!"

影楼的人都很奇怪,一对盲人照婚纱照,白费那么多钱给谁看?陈燕甜甜一笑,对影楼的人说:"我是女人啊,我要漂亮给你们看。"

陈燕听了外婆的话,也的确做到了——让自己活得漂亮。每天早晨,在出门之前,她都会端坐在梳妆镜前,仔细地勾眉线、画眼影、打底粉、抹口红……然后幸福地牵上丈夫的手,美美地出门。

尽管陈燕看不到自己的美丽,但人们总能看见两人脸

|第七章|
立足不完美，接纳真实的自己

上的幸福笑容。她对同样看不到的丈夫说："我们是盲人，正常人看我们可能不顺眼。所以，哪怕我们自己不能看见，也一定要在正常人的眼里活得好看，不让他们看着别扭，更不让他们瞧不起。"

活得好看，其实是一种心态，是一颗热爱生活的心灵应有的最好状态。活得好看的女人，不会因为外界的评价而改变内心对待生活的态度。

读懂自己，接纳真实的自己

在人生这趟旅途当中，有很多课程要学习，而每个人最重要的必修课是面对苦乐、得失，学会接纳和挑战。如此做了，我们才能够实现目标，更好地解读人生。如果我们希望在这趟旅途中，美好和幸福如影随形，我们必须学会接纳真实的自己。

没有等出来的美丽，只有拼出来的光芒

只有读懂并接纳了自己，才不会给自己徒增烦恼，才不会疏离生活；只有接纳真实的自己，勇敢克服困难，才能努力实现人生抱负。

有一位年轻人在踏上人生的旅途之前，去拜访了一位德高望重的大师，问："大师，我想知道我未来的人生路会是怎么样的？"

大师淡淡地说："在你开始自己的人生路之前，要先从这里走出去。走出去的过程中，你会遇到三道门，每道门上都会写着一句话，你可以按照那三句话去做。当你走过第三道门时，我就在门外等你。"

年轻人就这样上路了。不久，他遇到了第一道门，门上写着："改变世界。"于是，年轻人开始按自己的理想规划这个世界，去掉自己看不惯、不喜欢的一切。只是，改变了一段时间，他就陷入迷茫当中，因为他看到的世界还是不完美。或许，答案在下一道门上，他想着，就继续上路了。

很快，他就遇到了第二道门，门上写着："改变别人。"

年轻人恍然大悟，怪不得无法改变世界，那是因为其他人没有改变，和我的看法不一样。那么，我要用美好的思想教化他们，让他们朝更好的方向发展……年轻人这么做了，可是他发现人们根本不按照他说的去做。

第七章
立足不完美，接纳真实的自己

  他只好放弃，期待着第三道门能给予自己帮助。

  接着，他遇到了第三道门，门上写着："改变自己。"

  年轻人犹如醍醐灌顶，这才明白：与其改变世界，不如改变世界上的人；与其改变别人，不如改变自己。

  年轻人推开门，见到了等在门后的大师，他迫不及待地把自己的体会告诉了大师。

  大师听了之后，笑了笑，说："现在呢，你往回走，回去的时候，仔细看看那三道门，或许你会有不一样的发现。"

  年轻人将信将疑地转过身，往回走。

  他先遇到了第三道门，门上写着"接纳自己"。他这才明白自己为什么在改变自己时总是自责、苦恼，因为他拒绝承认和接受自己的缺点，而且总是把目光放在自己做不到的事上，认为自己没有长处，忽略了自己的优点。

  年轻人继续往回走，遇到了第二道门，门上写着"接纳别人"。他瞬间懂得了为什么自己在改变别人时那么艰难，因为他拒绝接受别人和自己之间的差异，无法从别人的角度去理解和体谅。

  当年轻人看到第一道门上写着"接纳世界"时，他也明白了自己无法改变世界的原因，因为他拒绝承认世界上有许多事情他无法做到，总想着勉强为之，从而忽略了自己能做得更好的事情。

  大师等在第一道门的背后，他语重心长地对年轻人说：

没有等出来的美丽,只有拼出来的光芒

"一切的成功都要从接纳自己开始。只有接纳自己,才懂得如何接纳别人,才能接纳整个世界。而接纳,就是改变的第一步。"

接纳,并不意味着一定要改变,但是接纳自己能够让自己面对现实,摆正自己的位置,看清自己的优势和劣势,从而寻找适合自己发展的机会。

维莱瑞·史璜从前生活在明尼苏达州的一个小镇里,高中时,她已经在当地戏剧团里小有名气了。面对这些成就带来的成就感,维莱瑞·史璜决定去演艺界开创一片自己的天空,更大的天空。因此,在当地大学读了两年书的她,为了让自己拥有更高、更大的舞台,决定到纽约的演艺学院就读。

在演艺学院里,维莱瑞·史璜突然觉得不开心了,因为身边的同学有着比她更高的天分,尽管她很努力地学习,但在高手如云的激烈竞争中,她常常处于劣势。而有时候想起以前在小镇上的辉煌,维莱瑞·史璜觉得那已不再是荣誉,而变成了一种耻辱。几年之后,她回忆起这段生活,自我反省:"我过去长得还算标致,又有些天分和经验。不过和其他年轻人相比,我并不算是演艺界的好苗子。我烦恼了很久,晚上睡不好,在学院的表现也越来越

|第七章|
立足不完美，接纳真实的自己

糟糕。几个月后，我退学了。我不敢告诉父母，但我认为既然自己不上学了，就不能接受他们寄来的钱，因此开始找工作，但我能做什么呢？我无一技之长可转行坐办公室或做其他工作，因为我过去的一切梦想，都是以演艺为终身职业的……"

在找工作上经历了几次挫折后，维莱瑞·史璜对生活灰了心。实在走投无路了，她准备回到家乡的小镇，这时，一个就业辅导单位的主管注意到了她，语重心长地跟她说："姑娘，眼前的困难和挫折都是暂时的，你是一个很有天分的女孩，只是被眼前的假象迷惑了。静下心来，好好审视一下自己，看看自己的长处到底在哪儿……"

听了这话，维莱瑞·史璜思考了好几天，她发现自己具备很强的交际能力和超常的智慧——至少在校读书时，各科成绩都还不错。想了想，她又回到学校继续学业，取得了教师资格证书。为了挣够自己的学费和生活费，维莱瑞·史璜开始学习打字，后来找了一份接待员的工作。生活终于发生了改变，困境不见了，她的心情也愉悦起来了。

伟大的梦想的确令人向往，但对于生活中的我们而言，以自身条件为前提，摆正自己的位置，调整心态，找到离自己最近、最容易实现的愿望，然后尽力实现它们。一次只走一步，一步实现一个愿望，就能增强自信心和成就感，减少挫败感。

  一个人只有读懂了自己,肯接纳真实的自己,才能有更深层次的自知度,进而选择自己擅长的领域。相反,一味地否定自己不会有任何作用,只会让我们变得焦虑不安,无法面对突如其来的磨难和坎坷。

第八章

心智成熟才能少走弯路

没有等出来的美丽，只有拼出来的光芒

分清楚场合再说话

众所周知，语言能力强的人往往更受人欢迎。因为他们能根据不同的情境，快速地切换说话的语气和方式，让听话的人感到舒服。

《红楼梦》里的凤姐，就是"会说话"的典型代表，有时候对方嘴里的话还没有说出口，她就已经猜到了；如果对方刚刚说出口，她可能就已办妥了。

林黛玉刚进贾府时，王夫人问："是不是拿料子给黛玉做衣裳？"凤姐答："我早都预备好了。"其实细想，也许，她根本没预备什么衣料，但王夫人就点头相信了。

后来，邢夫人想让自己的丈夫娶老太太身边的鸳鸯，就先来找凤姐商量，说老爷想讨鸳鸯做妾。凤姐一听，脱口道："别碰这个钉子。老太太离了鸳鸯，饭也吃不成了，何况老爷放着身子不保养，官也不好生做。明放着不中用，

第八章
心智成熟才能少走弯路

反招出没意思来,太太别恼,我是不敢去的。"

但邢夫人听不进去,冷笑道:"大家子三房四妾都使得,这么个花白胡子的……"凤姐见邢夫人怫然不悦,知道是自己刚才说的那番话惹的,就立即改口赔笑:"太太这话说得极是,我才活了多大,知道什么轻重。想来父母跟前儿,别说一个丫头,就是那么大的活宝贝,不给老爷给谁?"

这一番话说得邢夫人又欢喜起来。同样是娶鸳鸯这件事,一正一反的两番说辞都出自凤姐之口,而且又都入情入理,如此机变,可真是令人佩服。

战国时期,著名纵横家鬼谷子曾精辟地总结出与不同身份的人交谈的方法:"与智者言依于博,与博者言依于辨,与辨者言依于要,与贵者言依于势,与富者言依于高,与贫者言依于利,与贱者言依于谦,与勇者言依于敢,与愚者言依于锐。"

曾获诺贝尔文学奖的美国女作家赛珍珠,在第二次世界大战期间,曾发表过一篇深深打动中国人的演讲。演讲中,她说:"我今天说话不完全站在一个美国人的立场,因为我也是一个中国人。我一生的大半时间,都消磨在中国。我出生后四个月就被父母带到了中国。我开口说话时,

没有等出来的美丽，只有拼出来的光芒

又先说的中国话。我小时跟着父母，并未住过通商大埠。数十年间，我们到的地方是浙江、江苏、江西、湖南、安徽以及山东等省的小城、小村。清浦、镇江、丹阳、岳州、蚌埠、徐州、南州等地方，是我最熟识的。可我最爱的，是中国的农田乡村。后来我长大了，又在南京住了十几年。我曾亲眼见证南京在几年内，由一个古旧城市蜕变为一个新式首都。但无论我住在什么地方，我与中国人都亲如同胞。因为小时候，我的玩伴是中国孩子；成人后，来往的又是中国的朋友们。现在我人虽已归故国，心中却未曾忘掉旧日的朋友。我既在中国长大成人，又在美国住了多年，受了两国的教育，有了双方的经验，我觉得我是属于两个国家的……"

赛珍珠在演讲中一再提及中国人熟悉的地名，强调自己与中国人的关系密切。对于那些听演讲的人而言，熟悉的地名拉近了自己与这个陌生的外国演讲者间的距离，国籍界线变得模糊了，亲切感也油然而生。

到什么场合说什么话，需要一定的经验。聪明的女人懂得分清场合，选择恰当的方式，使自己的谈吐既符合场合的要求，又考虑到谈话对象的接受心理，从而最大限度地实现与交际对象的融洽沟通，给对方留下很好的印象。

|第八章|
心智成熟才能少走弯路

口吐莲花，不如细细聆听

在生活中，很多女人都有一个毛病——喋喋不休。从生理层面上而言，因为女性的语言感觉比男性更好，所以更热衷于"说"。不过，说得多了，常常会让人厌烦，因此真正聪明的女人，从不会用喋喋不休的方式与人沟通，她们更擅长用"听"来交心。毕竟，人只有一张嘴巴，却有两只耳朵，这就意味着听要比说多一些才更合适。在别人讲话时，如果我们能静静倾听，礼貌回应，那么尽管我们言语不多，也有可能会被视为最佳沟通对象。

当然，所谓的善于倾听，并不是指在谈话中一言不发，像个木头人似的不去表达。真正善于倾听的女人，懂得如何配合说话者的节奏，并且给人一定的响应。要令人觉得有趣，就要对别人感兴趣——问别人喜欢回答的问题，鼓励他谈谈自己和他的成就。

没有等出来的美丽，只有拼出来的光芒

世界首富比尔·盖茨的妻子是梅琳达·弗兰奇。作为世界首富的妻子，梅琳达虽然看起来相貌平平，放到人群中毫不显眼，但人不可貌相，梅琳达是一位充满智慧的女性。

成功男人风光的背后必有很多不足为外人道的苦恼。对比尔·盖茨而言，梅琳达就是他紧张与困乏时的"安定剂"与"加油站"。

有一天，比尔·盖茨回到家中，神秘兮兮地对梅琳达说："太太，你知道吗？今天是个非同一般的日子，公司里的一些员工竟然嚷着要我将区域报告公布于众，而且……"

"真的吗？"梅琳达先是表现出吃惊的神情，但很快淡然了，"哦，那还不错，吃点酱牛肉吧！亲爱的，我早就说过，员工是很难对付的。"

比尔·盖茨没有停下，还在喋喋不休："当然了，亲爱的！包括鲍尔默在内，他们都好像随时准备踢我的屁股。一开始，我还不知道他们为什么这么做，最后我发现，他们想让我给他们加薪。"

梅琳达听到这儿，对比尔·盖茨说："我认为他们还不是特别了解、重视你，但这种事情，其实每个公司都会遇到，你也不必太在意。比尔，我想你应该多关注一下女儿的学习了，这学期她的成绩开始下滑了……"

比尔·盖茨听到这儿，把原先的情绪收了收，跟妻子聊了一会儿，他发现自己已经不担心了，于是就把酱牛

|第八章|
心智成熟才能少走弯路

肉吞进了肚子里,平心静气地与女儿交谈起学习成绩的问题。

与说话相比,倾听其实更需技巧。在倾听别人说话时,不仅要听对方的话,更要在听的同时站在对方的角度思考如何才能够解决对方说的问题。在心理学上,这叫"同理心倾听",也就是设身处地,尝试以他人的双眼探究世界的倾听方式。这是唯一能让你深入说话者内心的倾听方式,也是高情商的表现之一。

琼斯是精装图书的行销商。每个礼拜,她都要花时间拜访几位著名美术家,那些人从不拒绝她,通常还会仔细地翻看琼斯带去的图书,但也从来不买她的书籍,总是很抱歉地说:"很遗憾,我不能买这些图书。"

琼斯觉得有些奇怪,就把这个情况告诉了学习心理学与人际关系学的朋友。朋友仔细问了她推销的经过后,下了定论:"因为你把他们镇住了,他们不敢买。"

琼斯是一个敬业的姑娘,美术功底也很不错,可惜的是说话缺少技巧。每次推销的时候,她都会很热情地告诉对方:"你一定没见过这一部画册,它是现代最好的图书……"

朋友告诉琼斯:"给你个建议,你不妨把书送上门,让他们自己品评,而你不要做任何解说。"

没有等出来的美丽，只有拼出来的光芒

于是，琼斯听从了朋友的建议，带着几本画册，去拜访了一位新客户。到了对方的家里，她并不忙着推销书籍，而是用心欣赏这位美术家的作品，看到不太懂的地方，琼斯会及时地提出问题请教对方。

美术家来了兴致，解答所有她提出的问题。不知不觉，两人已经聊了两个小时。最后，琼斯向美术家请教了一个问题："以您这么深厚的美术功底，您能否帮我个忙，帮我看看这几本书，到底哪本更实用更权威？"因为拜访的时间已经不多了，两人约定第二天再见面。

第二天，琼斯去取书时，美术家认真地给了一份评价意见——虽然字数不多，但都很中肯。她非常真诚地感谢了美术家，正准备离去时，美术家又开口说道："我自己想订购几本画册。另外，我和几个朋友联系了一下，他们也愿意看一看。"

琼斯赶紧表示感谢。在美术家的引见下，她又推销出了好几套大型画册。

成为好的倾听者，就要学会不时地发问，偶尔提出不同的看法。如果想支持对方的说法，就及时地在谈话停顿的间隙提出，但一定要简短，说完后再把谈话的主导权还给对方。

|第八章|
心智成熟才能少走弯路

有些秘密不值得和人分享

很多人有个共同的习性：肚子里搁不住事。俗话说"祸从口出"，就是告诫我们心里话该说则说，不该说的千万别说，尤其是在职场上。

在森林里，狐狸垂涎刺猬已经很久了，但是刺猬有一身的硬刺——只要一靠近，刺猬就会蜷成一个大刺球，狐狸完全束手无策。

有一天，刺猬的好朋友乌鸦跟刺猬聊天，它说："朋友，你的这一身铠甲真是好，我很羡慕，就连狐狸都拿你没办法。"

听着乌鸦的吹捧，刺猬忍不住了，说："其实，我的铠甲也不是没有弱点。当我全身蜷起时，腹部有个小眼儿无法完全蜷起。朝着这个小眼儿吹气，我受不了痒，就会忍不住打开身体。"

乌鸦听了不禁惊诧,刺猬紧跟着说:"我这个秘密可只跟你说了,你一定要替我保密,要是被狐狸知道了,我就死定了。"

乌鸦信誓旦旦地拍拍胸脯:"放心好了,你是我的好朋友,我怎么会出卖你呢?"

不幸的是,乌鸦落在了狐狸的爪下。就在狐狸准备吃掉它时,乌鸦突然想到了刺猬的秘密,说:"狐狸大哥,我早就知道你很想尝刺猬的美味,如果你放了我,我就告诉你刺猬的死穴。"

狐狸眼珠一转,立刻放了乌鸦,而乌鸦真的对狐狸说出了刺猬的秘密……

和别人有共同秘密时,往往会因这个秘密,同对方不得不拴在一起。同时,对方可能会在关键时刻,用这个共同秘密作为武器回击我们。

陈璐是一家广告公司的策划部经理,她工作了两年后,公司"空降"了一位策划总监,成为她的顶头上司。从那以后,公司里总会有些同事有意无意地向陈璐打听新来的策划总监的背景、实力,甚至有人会问陈璐:"她多大年纪?结婚了吗?"

陈璐知道祸从口出的道理,所以面对同事的打听,她

第八章
心智成熟才能少走弯路

始终坚持自己的态度："我不知道。"但是，王敏是陈璐在公司里关系很好的朋友，两人经常一起出去吃午饭，无话不谈。有时候，陈璐就会和王敏在吃午饭的间隙聊聊新来的策划总监。

陈璐在王敏面前多次表示，自己对公司的安排很不满意，因为新策划总监的到来使自己晋升策划总监的路被堵住了。有一天，陈璐和策划总监因为工作问题发生了较大的分歧。晚上，陈璐气不过，她打电话向王敏大倒苦水，说策划总监难相处，还说了不少对方在工作中犯的错。王敏在电话那头，一个劲儿地劝陈璐别往心里去。

自从晚上那通电话之后，陈璐明显感觉策划总监和自己的关系越来越差了，策划总监对自己的态度也越来越不友好。她在工作中提的建议，几乎全都被上司否决了，而她在工作当中的细小失误都会在公司的中高层会议上被点名批评。更可气的是，陈璐自己制作的广告设计方案，策划总监只要稍加修改就会变成是她设计的方案。还有，陈璐最近一直在被安排加班，而且常常都是难度最大的工作。

与此同时，陈璐和王敏的关系似乎也发生了微妙的变化。王敏不再像以前那样，每天和陈璐一起外出用餐了。有一天中午，陈璐在附近的一家餐馆吃饭，看见王敏和策划总监坐在一起吃饭，她这才猛然意识到王敏出卖了自己。

有些人爱凭直觉做事情，对事件的前因后果往往欠缺考虑，因此一不小心就会把自己推向尴尬与被动的境地。请记住，千万不要在背后表达自己对上司或同事的不满，你永远不知道哪一天会被对方知晓。

适时展现自己的羽毛

每年春季，雄孔雀为了赢得雌孔雀的注意都会张开色彩绚丽的尾屏，展现出自己最美丽的一面。孔雀开屏可以说是一种绝妙的自我推销的方式。在竞争激烈的社会中，才能非凡并不见得就能脱颖而出，更何况大多数人的才能远远达不到令人惊叹的程度。因此，如果你有才华，就要学会适时展现自己的优势。

一个偏僻的小山村里，开进了一辆汽车，这可是一件新鲜事，全村的人都围了过来。车里走下来几个人，其中

第八章
心智成熟才能少走弯路

有一个穿黑皮夹克的中年男子,问:"你们想不想演电影?谁想演?请站出来。"

这一句话一连问了好几遍,但村民们都不说话。就在他准备回到车里的时候,一个十几岁的女孩站了出来,说:"我想演。"中年男子看了一眼,女孩长得并不漂亮:单眼皮,脸蛋红扑扑的,透着一股山里孩子特有的倔强和淳朴。

"你会唱歌吗?"中年男子问。

"会。"女孩大方地回答。

"那你现在就唱一个。"

"行!"女孩开口就唱,一边唱还一边扭,"我们的祖国是花园,花园里花朵真鲜艳……"

村民们大笑,她唱得实在不好听,不但跑调,而且后面还忘了词,唱乱了。没想到,中年男子用手一指,说:"好,就你了!"

这位勇敢向前迈出一步的女孩叫魏敏芝。她幸运地被大导演张艺谋选中,成为电影《一个都不能少》中的女主角。

"酒香不怕巷子深"的时代已经是历史了,当下的新潮流是主动表现自己,这是一种自我推销的能力,它会为我们赢得更多更好的发展机会。

在任何公司,任何一间办公室,几乎都会有这样的现象:辛辛苦苦加班工作、把所有繁重事务都包揽在身的是一批人,

没有等出来的美丽，只有拼出来的光芒

而在年终表彰大会上加薪晋级的往往是另外一批人。很多人都认为这种不公平是因为上司偏心，同事争宠，可你是否想过：是不是自己的工作方式出现了问题？

大学时，蒋小涵是出了名的才女，她不但琴棋书画无所不通，口才与文采也是出类拔萃。毕业后，在学校的极力推荐下，蒋小涵去了一家小有名气的报社工作。

人才济济的报社，每天都要召开一次例会，讨论下一期报纸的选题与内容。每次开会，很多同事都会争先恐后地表达自己的观点和想法，只有蒋小涵悄无声息地坐着，一言不发。其实她有很多好的想法和创意，但她有顾虑，一怕自己初来乍到就"妄发言论"，会被认为是张扬、锋芒毕露；二怕自己的思路不合主编的口味，被认为幼稚。就这样，她在沉默中参加了一次又一次激烈的争辩会。

突然有一天，蒋小涵发现，同事们都在力陈自己的观点，而她似乎被遗忘了。于是，她开始考虑扭转这种局面，可惜的是一切为时已晚，在所有人的心中，蒋小涵已成了没有实力的花瓶人物。

最后，蒋小涵失去了这份来之不易的工作。

我们常说"沉默是金"，但也别忘了，沉默同时也是埋没天才的沙土。

第八章
心智成熟才能少走弯路

刘丽是某个中学的青年教师,担任学校的英语教学工作。最近,学校打算让一批年轻教师担任班主任,刘丽也在被考虑的行列。对于学校的决定,很多青年教师私下有不同意见:有的认为自己没有经验,担心工作做不好;有的则认为做班主任虽然能多拿一份补助,但根本不足以回报自己付出的辛苦。刘丽在同事大谈特谈的时候,什么也不说,大家都以为她的沉默是一种"无声的抗争"。

学校的领导了解到大家对这个决定有很大的意见,于是召集了几位青年教师,连同教育局的几个主要领导一起开了会。会议一开始,学校领导首先发言:"对于学校最新的决定,我私下里听说,大家有很多意见。现在,大家开诚布公地谈一谈。"领导的话刚说完,下面就鸦雀无声了,原先想法很多的人都低下了头。而一直保持沉默的刘丽,第一个站起来发了言:"各位领导,我先谈谈我的看法。我们不是不想当班主任,也不是懈怠,只是在思考一些实际的问题。第一,我们当中有很多人,其实只想专精于教学工作,这和大家的职业规划有关,请领导在安排工作时予以考虑。第二,我们刚毕业不久,不具备基本的日常经验。在承担班主任的工作前,希望学校能够安排一些经验丰富的班主任对我们进行培训。第三,我还认为我们应该在学生中做一次调查,看看他们到底需要怎样的班主任,明确以后努力的方向……"会议室响起一阵经久不息的掌声。

没有等出来的美丽，只有拼出来的光芒

在机遇面前，我们不能唯唯诺诺，也不能盲目表现，该表现时一定不能错过，该讲时一定要讲。是金子就要光芒闪耀，只有这样才能脱颖而出。

到位而不越位

身在职场，给自己一个准确的定位其实很重要，我们既不能自卑，让上司看不起自己，又不能自大地抢了上司的风头。作为下属，关键在于执行上司的决策，同时又要把功劳让给上司，关键时刻让上司做主，表现出对上司的尊重。

黄芳看上去有点低落。她和业务部的张经理之间发生了一点误会，日子有点难过。有一次，张经理带她去杭州出差谈生意，刚好客户代表是黄芳的大学室友，张经理希望黄芳能以这层关系为突破口，搞好关系，促进合作。

第八章
心智成熟才能少走弯路

在餐桌上，黄芳确实不负众望，很快就和老同学热乎了起来。黄芳表现得特别积极，不仅与客户天南地北地聊各种八卦，而且在后续谈合作的环节中，自己向客户详细地介绍了报社的运营模式，甚至在谈到一些合同细节时，也完全没有征询张经理的意见。最后竟然自己拍了板，敲定了合同，一旁坐着的张经理很是尴尬。

谈完了合同，黄芳又自作主张地多叫了几个菜，还叫了一瓶很贵的红酒，和客户边喝边聊，把张经理完全撂在了一边。张经理看着满桌的菜肴，最后结算的时候发现餐费大大超出了预算，因此对她更加不满意了。

在回去的车上，黄芳邀功似的问："张经理，您觉得我这一次的表现还可以吧？"

张经理冷冷地回答："是的，很不错，给我留下了不可磨灭的印象。"黄芳好像没有听出话中话，反而扬扬自得，但她没有想到的是，自那次之后，在公司里，张经理对她总是爱搭不理的。

每个公司都像是一台复杂而精密的机器，每一名员工都像一个部件，在固定的位置发挥着不同的作用，从而保障整台机器的正常运转。作为下属，应该履行自己的职责，在与领导相处的过程中，大到与客户的谈判事宜，小到住宿安排的事宜，都应该先听领导的意见。做好本职工作是基础，

没有等出来的美丽，只有拼出来的光芒

"到位而不越位"，最多做一个"参谋"，给出建议，说明理由，但最后的选择权都要交给领导。

海丽留洋回来，是名副其实的"洋博士"，回国后在一家外贸公司任职。刚进公司的时候，因为各方面的条件非常好，上司觉得她是个威胁，对她怀有很大的戒心。才刚进公司，上司就充满戒心地对她说："好好干，这个位子迟早都是你的。"

海丽是一个聪明的女人，她知道上司这么说，就是在委婉地警告自己不要争宠，不要夺功。而且海丽很清楚，自己还是个职场新人，本身就没有顶替上司的想法。但上司既然有了这个想法，为了打消上司的防备，海丽在工作中尽可能地保持低调，有时候对待手中的工作，虽然能做到完美，却会故意做得不完美。

在平常的营业会上，海丽虽然常常会产生好的想法，但是从来不会主动全部说出，经常是话说三分，把话语权交给上司，让上司说接下来的七分，然后再巧妙地恭维上司"想法很独到"。这在公众场合让上司觉得特别有面子。

有一次，上司因事出差了，公司正好有一笔可以赚大钱的买卖。虽然海丽可以做决策，但是她并没有这么做，而是第一时间给远在千里之外的上司打了电话，请教上司

第八章
心智成熟才能少走弯路

的意见,听从上司的决策。生意做成后,海丽又把这个功劳让给了上司。

渐渐地,上司对她的印象变了,不仅不再提防着她,反而开始热心地指导她,给她一些职场教诲,这让海丽收获良多。除此之外,上司还会主动把一些重大的决策权交给海丽,给她机会锻炼自己。

在职场上,聪明的人清楚自己的职责,能够做好分内工作,从而使自己获得器重和提携,为自己赢得锻炼的机会。

甘当绿叶,把表现的机会让给别人

有智慧的人懂得在职场上低调做人,会后退一步,给别人表现的机会。

某公司新来了一位总经理。上任第一天,他召集所有

没有等出来的美丽，只有拼出来的光芒

员工开会，谦虚地表示自己初来乍到，请大家对公司的发展提一些高见。不过，在场的员工要么你推我、我推你，要么就说些无关痛痒的话。不管听到了什么，总经理从头到尾都一脸谦恭，保持微笑。

忽然，同一部门的同事王霞站了起来，说："我们公司出现了很多问题，要想很好地发展，必须做到以下三条……"王霞讲得慷慨激昂，有理有据，直指当前公司矛盾的核心。其他员工都低着头，静静地看着。

王霞的话说完了，办公室一片沉默。总经理看看大家，又看看王霞，问："年轻人，你多大了？工作几年了？"王霞一一回答。

总经理听完后，脸色变了，批评道："在座的领导或同事的年龄都比你大，资格比你老，学识也比你多，他们对企业的发展看得就没你看得清楚明白吗？你说的就一定正确吗？希望你以后多向老前辈请教，虚心向其他员工学习。"

会议结束后，总经理把王霞请到自己的办公室，关上门，满脸笑意地说："年轻人，以后公司就靠你了。"

王霞一头雾水，说："刚才您还批评我呢，怎么现在又……"

"刚才在会议上，你讲得很正确，但是你作为新员工，讲得太尖锐、太直接了。如果我在会议上同意了你的意见，其他同事会觉得你比他们高明，就可能对你很不满，联合

第八章
心智成熟才能少走弯路

起来对付你，你就危险了。我批评你，是把你救出来。以后你要记住，高调做事，低调做人。"

做事要高调有信心，做人要低调谦虚，才能把事做好，把人际关系处好。

做配角其实并不可怕，相反，做配角是一个赢得人心的好方法。做配角时，表现出的是一种谦虚、合作的态度，很容易散发出亲和力，给别人留下一些好感，而且你能从主角身上学到很多东西，比如处世技巧和工作技能等。

低调，是一种风度，一种修养，一种智慧，一种谋略，是做人的最佳姿态。低调做人，多给别人表现的机会，既有利于与同事和谐相处，更有利于自己积蓄力量，最终成就一番事业。